징검다리 교육연구소, 강난영 지음

바쁜 3·4학년을 위한 빠른 분수

한 권으로 총정리!

- 분수 알아보기
- 분수의 크기 비교
- 분수의 덧셈과 뺄셈

이지스에듀

저자 소개

징검다리 교육연구소는 바쁜 친구들을 위한 빠른 학습법을 연구하는 이지스에듀의 공부 연구소입니다. 아이들이 기계적으로 공부하지 않도록, 두뇌가 활성화되는 과학적 학습 설계가 적용된 책을 만듭니다.

강난영 선생님은 영역별 연산 훈련 교재로, 연산 시장에 새바람을 일으킨 《바쁜 5·6학년을 위한 빠른 연산법》, 《바쁜 중1을 위한 빠른 중학연산》, 《바쁜 초등학생을 위한 빠른 구구단》을 기획하고 집필한 저자입니다. 또한 20년이 넘는 기간 동안 디딤돌, 한솔교육, 대교에서 초중등 콘텐츠를 연구, 기획, 개발했습니다.

바빠 연산법 시리즈(개정판)

바쁜 3·4학년을 위한 빠른 분수

초판 발행 2024년 4월 30일
(2019년에 10월에 출간된 책을 새 교육과정에 맞춰 개정했습니다.)
3쇄 발행 2024년 9월 20일
지은이 징검다리 교육연구소, 강난영
발행인 이지연
제조국명 대한민국
펴낸곳 이지스퍼블리싱(주)
출판사 등록번호 제313-2010-123호
주소 서울시 마포구 잔다리로 109 이지스 빌딩 5층(우편번호 04003)
대표전화 02-325-1722
팩스 02-326-1723
이지스퍼블리싱 홈페이지 www.easyspub.com
이지스에듀 카페 www.easysedu.co.kr
바빠 아지트 블로그 blog.naver.com/easyspub
인스타그램 @easys_edu
페이스북 www.facebook.com/easyspub2014
이메일 service@easyspub.co.kr

본부장 조은미 기획 및 책임 편집 박지연 | 정지연, 김현주, 이지혜 교정·교열 최순미 문제풀이 검수 차소희
표지 및 내지 디자인 이유경, 손한나 일러스트 김학수 전산편집 아이에스 인쇄 보광문화사 제본 정성제책
독자지원 오경신, 박애림 영업 및 문의 이주동, 김요한(support@easyspub.co.kr)
마케팅 박정현, 한송이, 이나리

ISBN 979-11-6303-579-4 64410
ISBN 979-11-6303-253-3(세트)
가격 11,000원

3·4학년이 꼭 알아야 할 분수를 한 권에 모았어요!

한국 교육과정평가원이 발표한 보고서에 따르면 '수포자'는 초등 3학년 때 분수를 배우면서 시작된다고 합니다. 분수를 어려워하는 이유는 분모와 분자, 2개의 수가 나와 낯설기 때문입니다. 이렇게 낯설고 어려운 분수, 어떻게 공부해야 할까요?

☆ 26가지 호기심 질문으로 개념부터 잡아요!

이 책은 26가지 호기심 질문으로 시작합니다. 이 질문들은 초등 3, 4학년이 꼭 알아야 할 분수 개념에서 뽑았습니다. 특히 "$\frac{3}{3}$은 진분수인가요? 가분수인가요?"와 같이 헷갈리는 개념을 다룬 질문은 개념을 정확히 이해했는지 판단하는 데 도움이 됩니다. 이와 같이 질문 속 답을 찾는 과정에서 개념이 정리되고 원리가 이해됩니다.

또 개념과 계산 원리를 그림으로 설명해 이해도를 높였습니다. 피자나 빵을 나누어 먹는 상황을 그림에 담아 분수 개념을 좀 더 쉽게 이해할 수 있습니다!

☆☆ 3, 4학년에 흩어져서 배우는 분수를 모아서 훈련해요!

초등 분수는 3학년 1학기부터 6학년 2학기까지 나옵니다. 그 중 3학년 때 배우는 '분수의 의미와 크기 비교', 4학년 때 배우는 '분모의 크기가 같은 분수의 덧셈과 뺄셈'이 초등 분수 학습의 기초입니다.

이 책으로 초등 분수의 기초를 다져 보세요. 3, 4학년에 흩어져 배우는 지식이 하나로 엮이면서 분수의 체계가 잡힙니다.

☆☆☆ 분수 개념을 익히는 최적의 연산 문제로 훈련하고 문장제로 마무리!

분수 개념을 이해했다면 이제 익숙하도록 연습해야 합니다. 하지만 문제량이 너무 많으면 공부에 지치고, 너무 적으면 능숙하게 풀지 못합니다. 이 책은 바쁜 3, 4학년이 최고의 효율을 올릴 수 있도록 적정한 분량의 연산 훈련 문제를 배치하였습니다. 또한 연산 훈련을 마친 후 '생각하며 푸는 문제'로 기본 개념을 탄탄하게 다지고, 문제 해결력까지 키울 수 있습니다.

이 책을 통해 쉽고 빠르게 초등 3, 4학년 분수를 완성해 보세요!

이 책의 구성과 특징

1. 쉽게 이해하는 분수 개념: 피자와 빵으로 설명하니 어렵지 않아요!

이 책은 분수 개념을 맛있는 피자와 빵으로 설명합니다. 어려운 분수도 맛있는 간식 그림으로 설명하면 이해하기 쉽습니다. 빠독이, 쁘냥이와 함께 피자와 빵을 나누어 먹으며 공부하면 분수의 기초 개념을 쉽게 이해할 수 있어요!

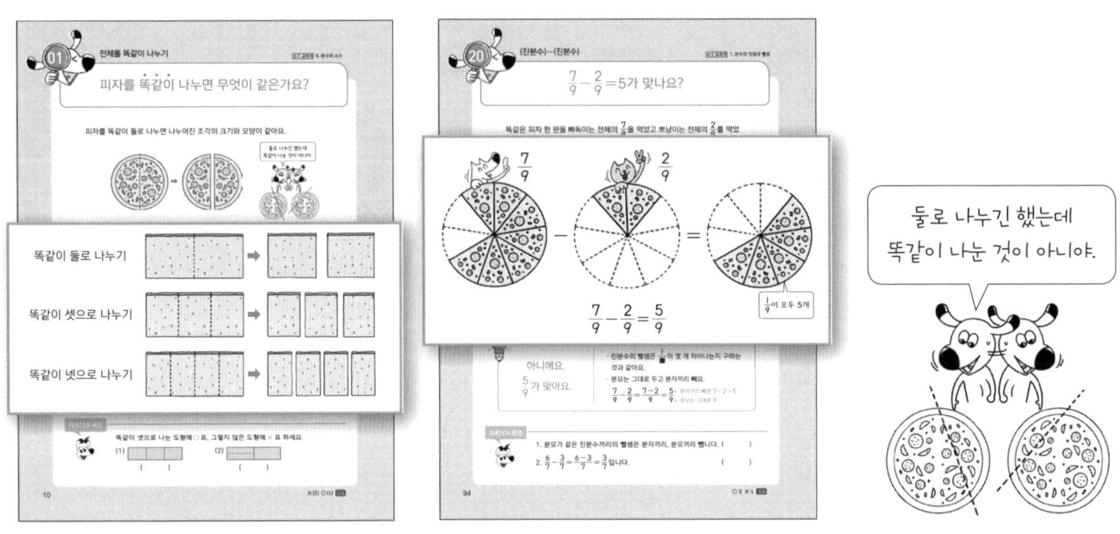

2. 분수에 관한 26가지 호기심 질문: 대답할 수 있다면 3, 4학년 분수는 완성!

빠독이가 3, 4학년 친구들을 대신해 분수에 관한 26가지 질문을 던집니다. 빠독이와 함께 답을 찾아 나가면서 개념을 이해할 수 있어요.

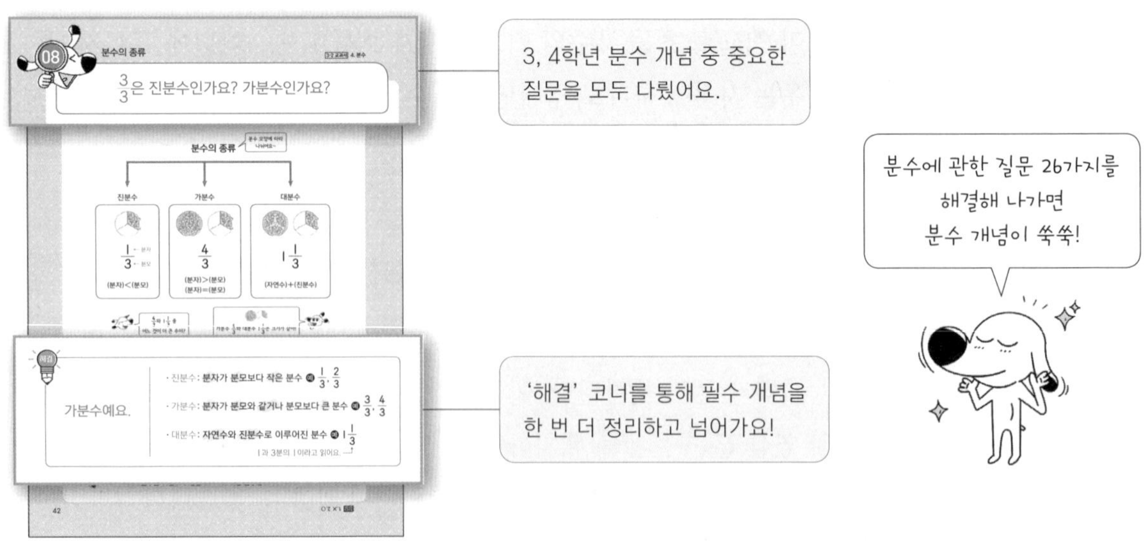

3. 분수 개념을 내 것으로 만드는 훈련용 문제

분수도 연산처럼 훈련이 필요합니다. 개념을 익힌 후 훈련 문제로 분수 개념을 탄탄하게 다져 보세요.

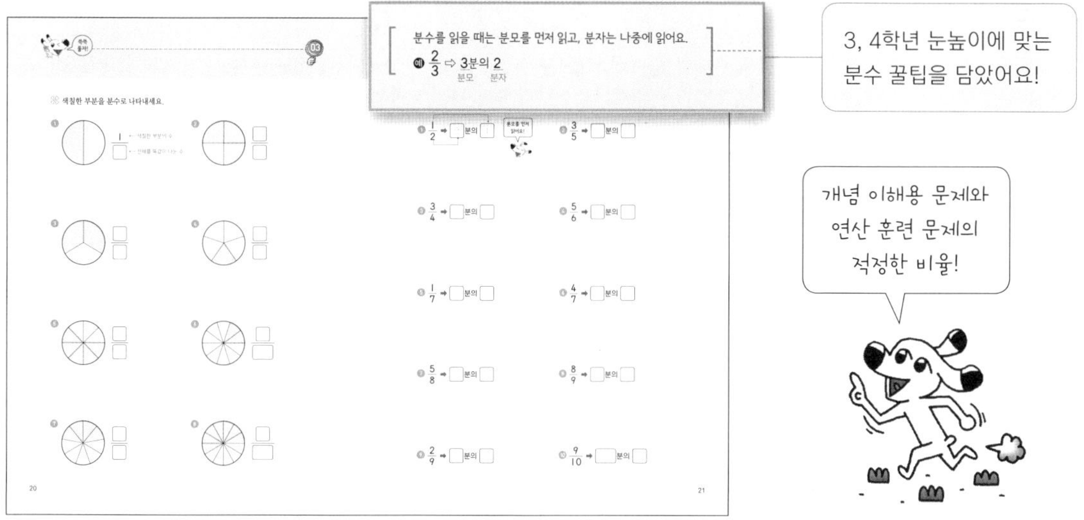

분수를 읽을 때는 분모를 먼저 읽고, 분자는 나중에 읽어요.
$\frac{2}{3}$ ⇨ 3분의 2
분모 분자
3, 4학년 눈높이에 맞는 분수 꿀팁을 담았어요!
개념 이해용 문제와 연산 훈련 문제의 적정한 비율!

4. '생각하며 푸는 문제'로 문제 해결력을 키워요!

문장에 숨겨진 분수의 뜻을 찾아 문제를 해결하는 기초 문장제와 사고력 문제로 문제 해결력까지 키울 수 있어요!

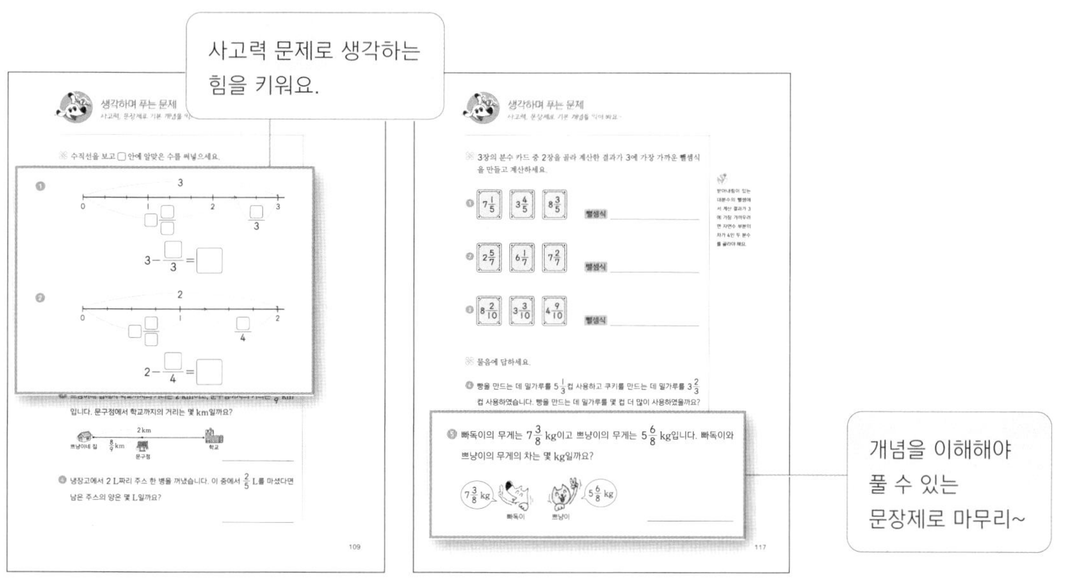

사고력 문제로 생각하는 힘을 키워요.
생각하며 푸는 문제
개념을 이해해야 풀 수 있는 문장제로 마무리~

바쁜 3·4학년을 위한 빠른 분수

18 $2\frac{4}{5}+\frac{3}{5}=2\frac{7}{5}$인가요? $3\frac{2}{5}$인가요?

19 $1\frac{2}{4}+\frac{5}{4}=1\frac{7}{4}$이 맞나요?

4-2 교과서 1. 분수의 덧셈과 뺄셈

- 진분수의 뺄셈
- 대분수의 뺄셈
- (자연수)−(분수)

☆ 나만의 공부 계획을 세워 보자

나의 목표 진도 ______ 일

☑ 분자와 분모가 헷갈려요.

☑ 지금 3학년 1학기로, 예습하는 거예요.

하루 한 단계씩 25일 완성!

1일차	1, 2단계 공부!
2~24일차	하루에 한 단계씩 공부!
25일차	26단계, 틀린 문제 복습

나는?

☑ 진분수, 가분수, 대분수를 모두 구별할 수 있어요.

☑ 초등 4학년이에요.

하루 두 단계씩 14일 완성!

1~13일차	하루에 두 단계씩 공부!
14일차	틀린 문제 복습

나는?

☑ 방학이라 시간이 좀 있어요~

☑ 분수 공부를 빠르게 끝내고 싶어요.

하루 세 단계씩 10일 완성!

1~2일차	하루에 두 단계씩 공부!
3~9일차	하루에 세 단계씩 공부!
10일차	26단계, 틀린 문제 복습

▶ **이 책으로 지도하는 학부모님과 선생님들께**

1. 개념을 먼저 읽고 문제를 풀도록 지도해 주세요.

수학 문제를 열심히 푸는데, 문제 유형이 조금만 바뀌어도 틀리는 아이들이 많습니다. 개념이 튼튼하지 못하기 때문입니다. 개념을 반드시 읽고 넘어가도록 지도해 주세요.

2. 생활 속 친근한 소재로 설명해 주면 이해하기 쉬워요.

이 책은 실생활 속 소재를 활용해서 분수의 개념을 설명합니다. 집에서 피자나 카스텔라 등을 먹을 때도 누가 몇 분의 몇을 먹었는지 함께 얘기해 보면 더욱 쉽게 이해할 수 있습니다.

♥그리고 공부를 마치면 꼭 칭찬해 주세요! ♥

첫째 마당 분수는 어떤 수일까?

01 피자를 똑같이 나누면 무엇이 같은가요?

02 피자 한 판을 똑같이 '셋으로 나눈 것 중 하나'를 그림으로 나타내면?

03 피자 한 판을 똑같이 '셋으로 나눈 것 중 하나'를 분수로 나타내면?

04 초콜릿 '6개 중 5개'를 분수로 나타내면?

05 '과자 6개를 2묶음으로 똑같이 나눈 것 중 1묶음'을 분수로 나타내면?

06 과자 6개의 $\frac{2}{3}$는 몇 개인가요?

07 종이띠 8 cm의 $\frac{3}{4}$은 몇 cm인가요?

전체를 똑같이 나누기

피자를 똑같이 나누면 무엇이 같은가요?

피자를 똑같이 둘로 나누면 나누어진 조각의 크기와 모양이 같아요.

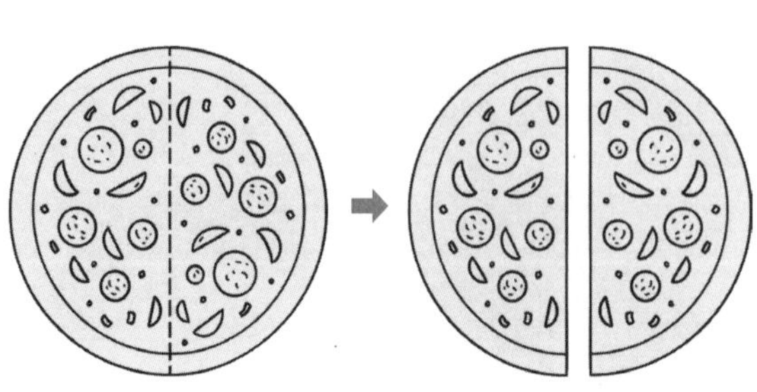

둘로 나누긴 했는데
똑같이 나눈 것이 아니야.

네모난 빵을 똑같이 둘로, 셋으로, 넷으로 나눌 때도 나누어진 조각의 크기와 모양이 모두 같아요.

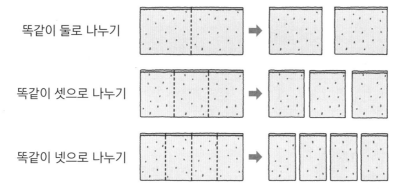

똑같이 둘로 나누기

똑같이 셋으로 나누기

똑같이 넷으로 나누기

피자 조각들의 크기와 모양이 같아요.

똑같이 나누어진 조각은 포개었을 때 남거나 모자라는 부분 없이 완전히 포개어져요.

쏙쏙! OX 퀴즈

똑같이 셋으로 나눈 도형에 ○표, 그렇지 않은 도형에 ×표 하세요.

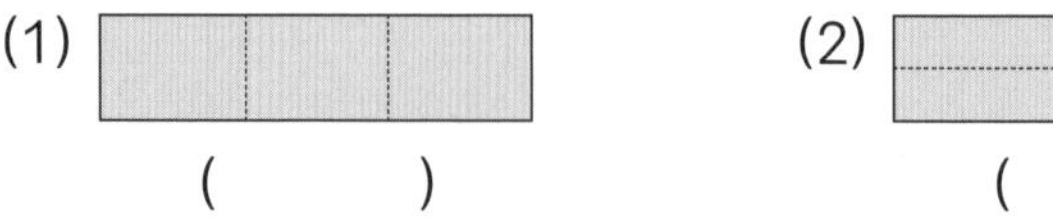

(1) (   )

(2) (   )

정답 (1) ○ (2) ×

똑같이 나누면 나누어진 조각의 크기와 모양이 같아요.
(원)은 똑같이 넷으로 나누어졌고, (원)은 똑같이 나누어지지 않았어요.

01

※ 똑같이 나누어진 도형에 ○표, 똑같이 나누어지지 않은 도형에 ×표 하세요.

1 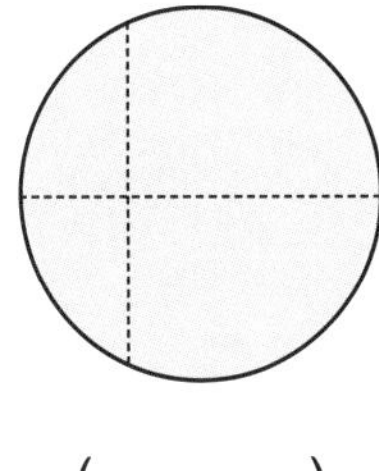

(　　　)

2 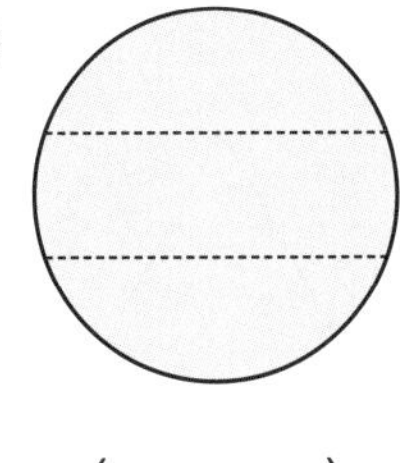

(　　　)

3 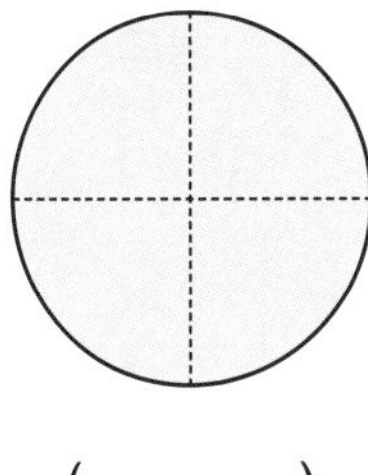

(　　　)

4 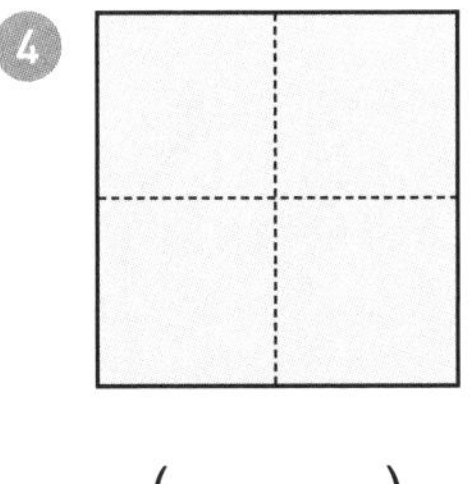

(　　　)

5 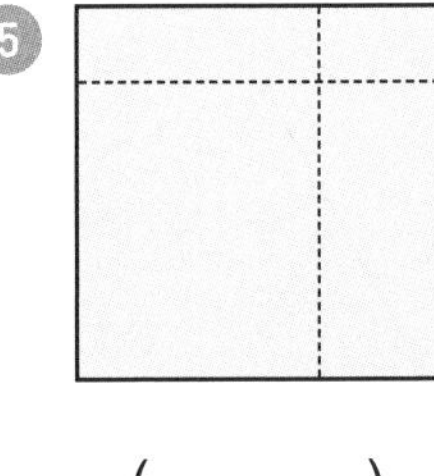

(　　　)

6 

(　　　)

7 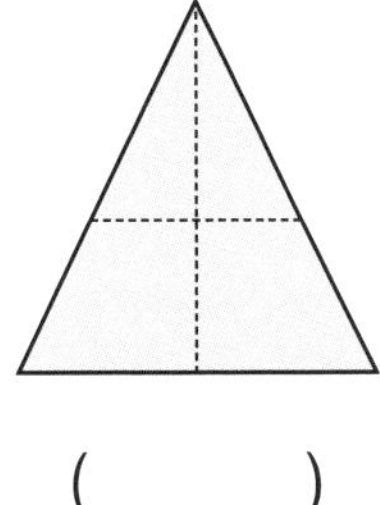

(　　　)

8 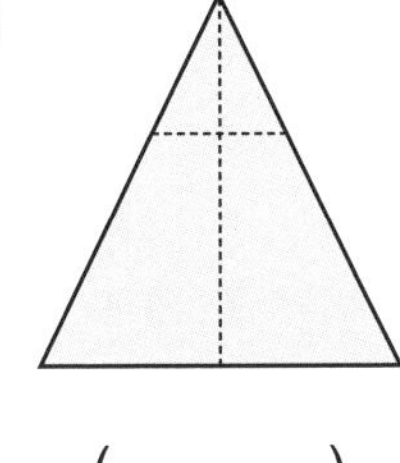

(　　　)

9 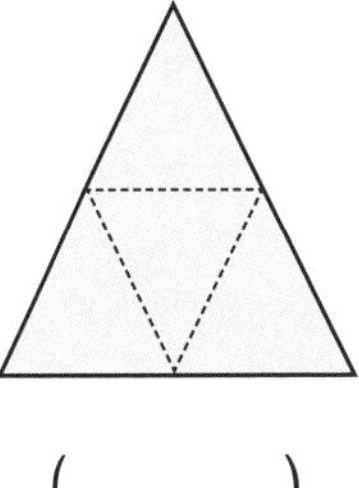

(　　　)

10 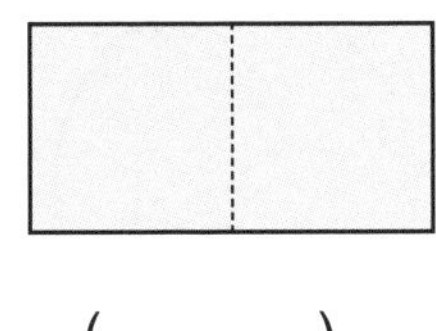

(　　　)

11 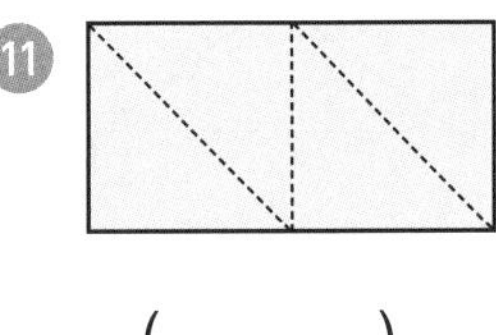

(　　　)

12 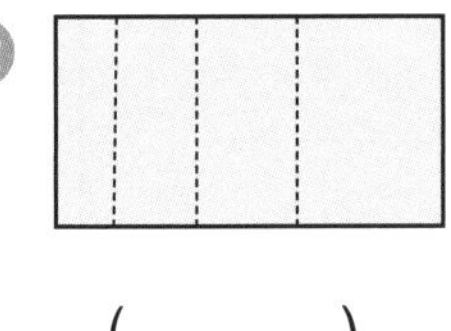

(　　　)

[나누어진 부분을 겹쳤을 때 완전히 포개져서 크기와 모양이 모두 같은 경우만 똑같이 나누었다고 해요. 점과 점을 이어 도형을 똑같이 나누고 나누어진 부분의 크기와 모양이 모두 같은지 확인해 보세요.]

01

점을 이용하여 도형을 똑같이 나누어 보세요.

똑같이 둘로 나누기 (1~3)

1
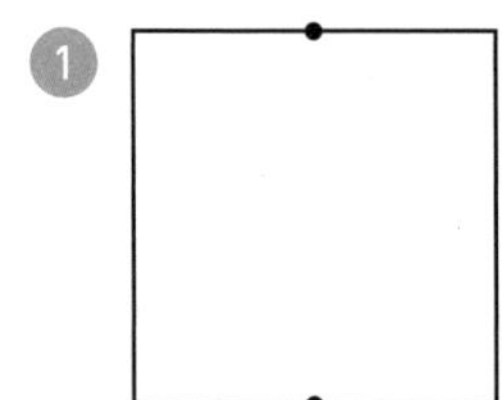

2
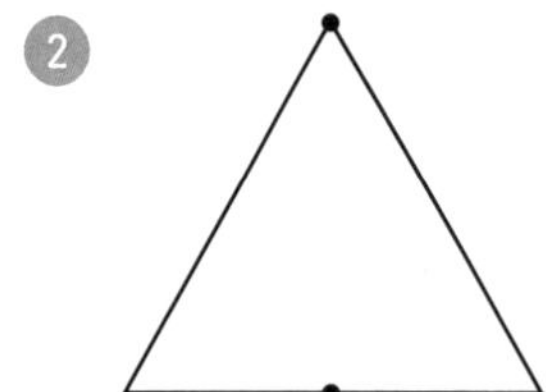

3
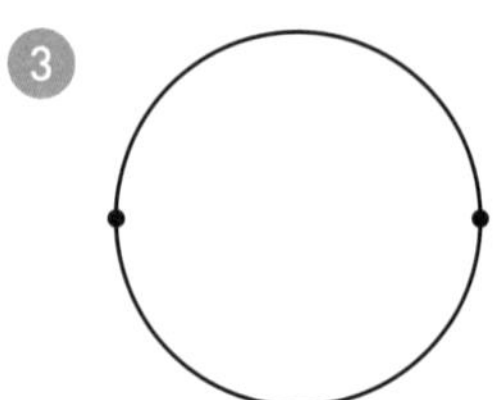

똑같이 셋으로 나누기 (4~6)

4
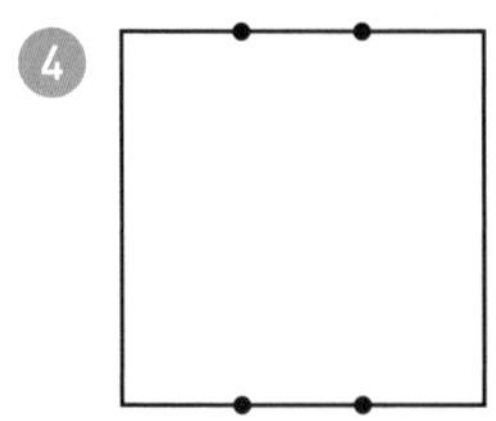

5
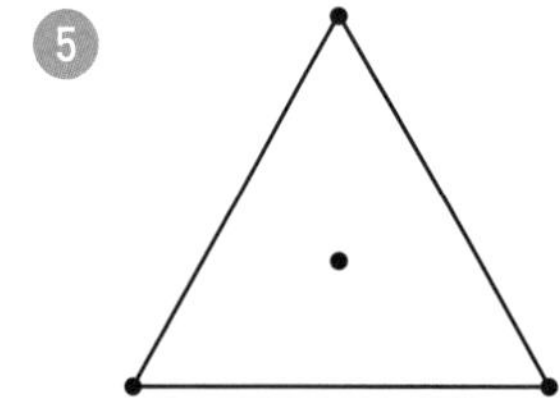

6
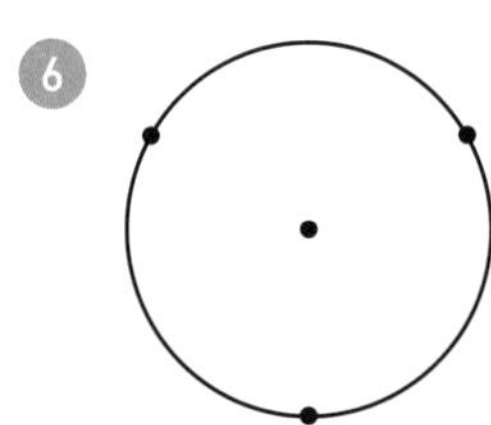

똑같이 넷으로 나누기 (7~9)

7
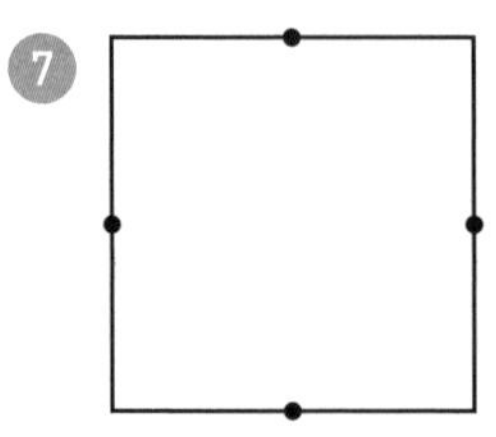

8
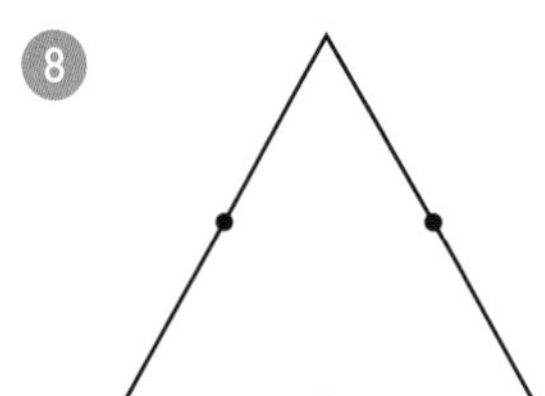

9
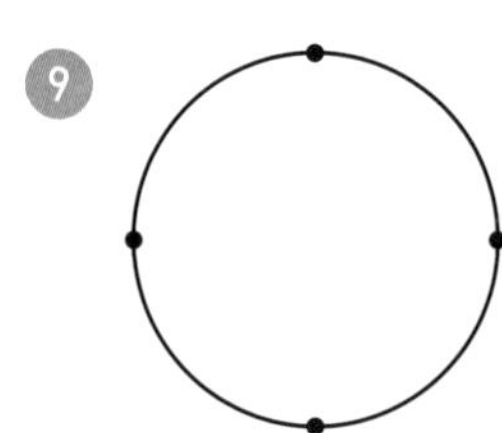

똑같이 다섯으로 나누기 (10~12)

10
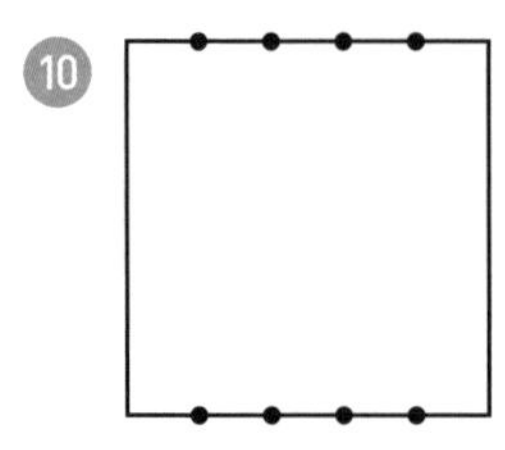

11
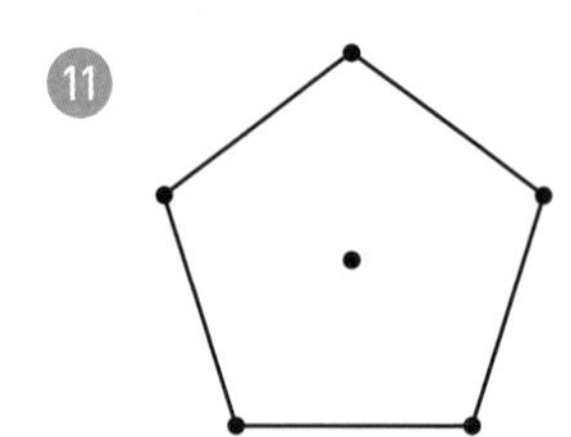

12
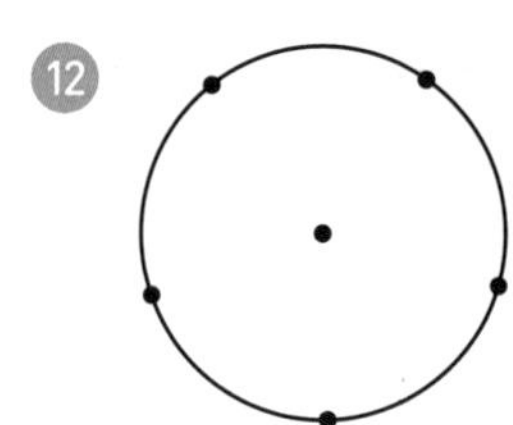

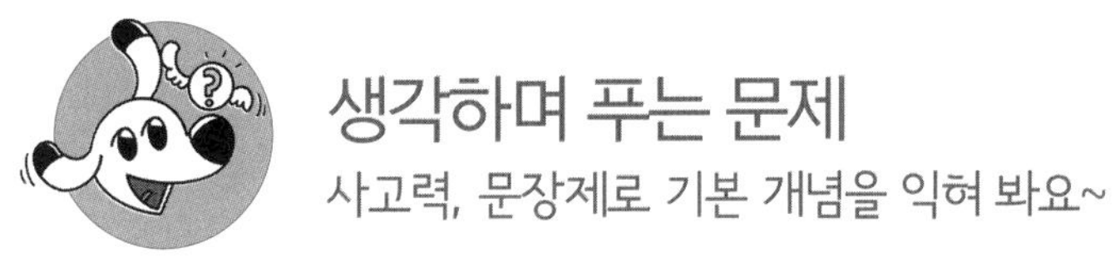

똑같이 나누어진 도형에 ○표, 똑같이 나누어지지 않은 도형에 ×표 하세요.

똑같이 나누어진 것은 겹쳤을 때 완전히 포개어져요.

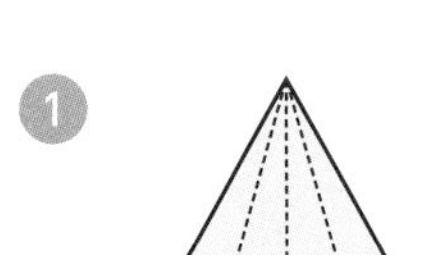

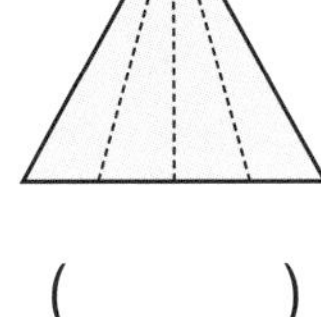

1 ( )

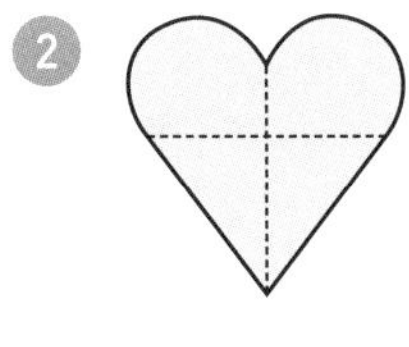

2 ( )

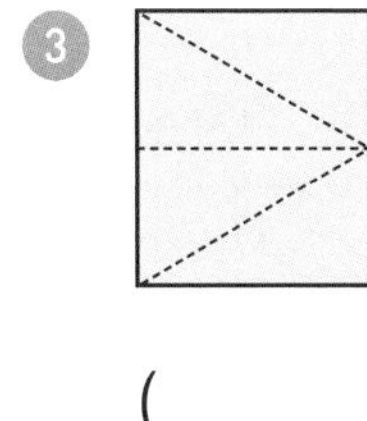

3 ( )

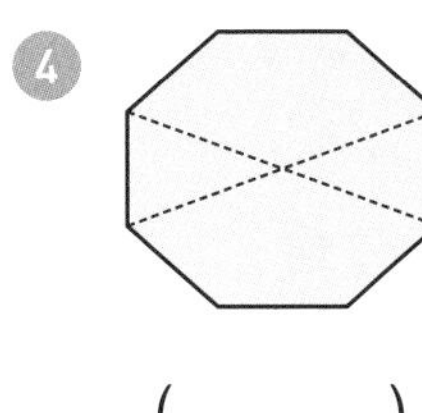

4 ( )

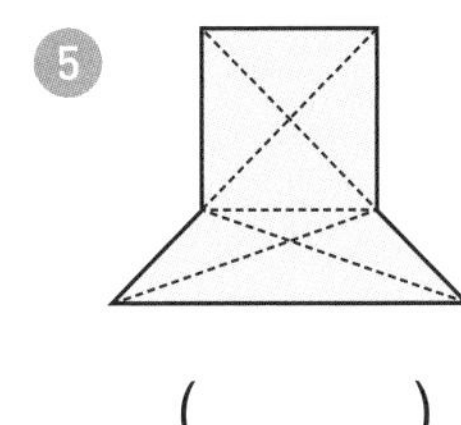

5 ( )

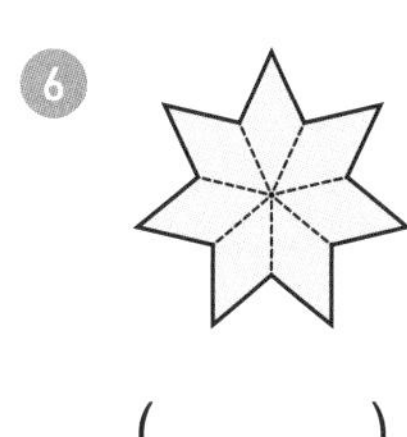

6 ( )

선을 그어서 알파벳을 똑같이 나누어 보세요.

7 똑같이 둘로 나누기

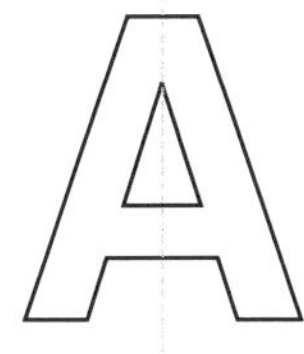

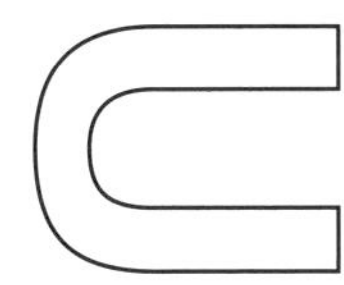

8 똑같이 넷으로 나누기

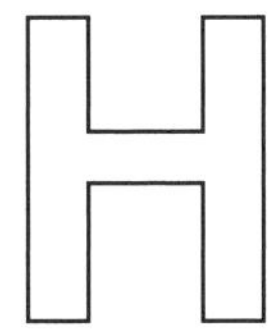

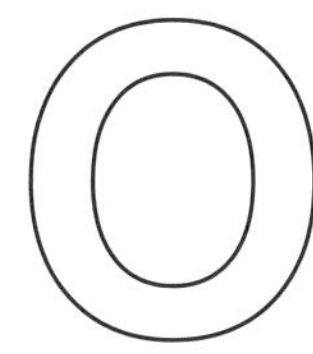

02 전체에 대한 부분의 크기

피자 한 판을 똑같이 '셋으로 나눈 것 중 하나'를 그림으로 나타내면?

피자 한 판을 똑같이 셋으로 나누어 먹고 나니 하나가 남았어요.

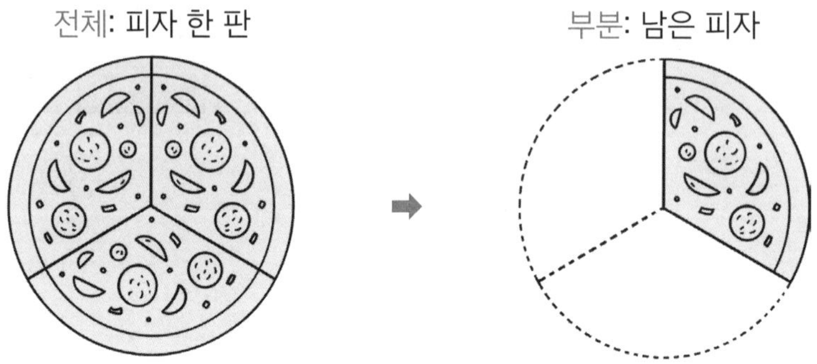

전체는 피자 3조각이고 부분은 남은 피자 조각이므로 부분은 전체 3조각 중 1조각이에요.

피자는 얼마나 남았지?
전체는 3조각! 남은 부분은 3조각 중 1조각이야!

해결

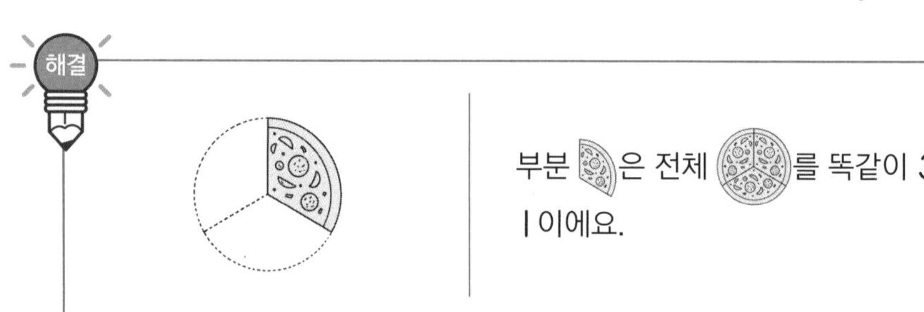

부분 은 전체 를 똑같이 3으로 나눈 것 중의 1이에요.

쏙쏙! OX 퀴즈

부분 은 전체 를 똑같이 4로 나눈 것 중의 2입니다. (　　　)

○ 정답

똑같이 나눈 수가 전체의 수이고, 색칠한 부분의 수가 부분의 수예요.

색칠한 부분이 얼마인지 ▢ 안에 알맞은 수를 써넣으세요.

1. 전체를 똑같이 [2]로 나눈 것 중의 [1]

2. 전체를 똑같이 [ ]로 나눈 것 중의 [ ]

3. 전체를 똑같이 [ ]으로 나눈 것 중의 [ ]

4. 전체를 똑같이 [ ]로 나눈 것 중의 [ ]

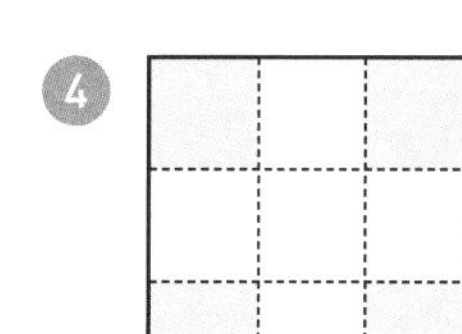

5. 전체를 똑같이 [ ]로 나눈 것 중의 [ ]

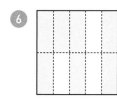

6. 전체를 똑같이 [ ]으로 나눈 것 중의 [ ]

7. 전체를 똑같이 [ ]으로 나눈 것 중의 [ ]

8. 전체를 똑같이 [ ]로 나눈 것 중의 [ ]

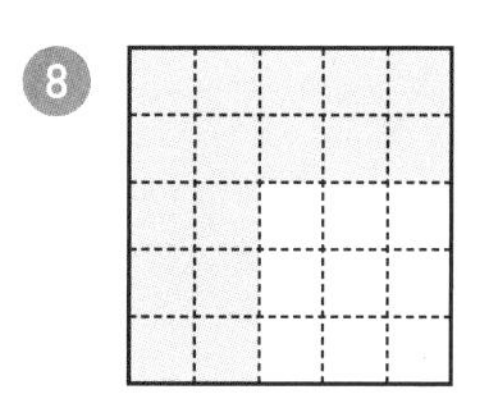

'전체를 똑같이 2로 나눈 것 중의 1'에서 2는 전체를 똑같이 나눈 수이고,
1은 부분의 수를 나타내므로 '부분'에 해당하는 1칸만 색칠해야 해요.

※ 설명하는 부분만큼 알맞게 색칠하세요.

① 전체를 똑같이 2로 나눈 것 중의 1

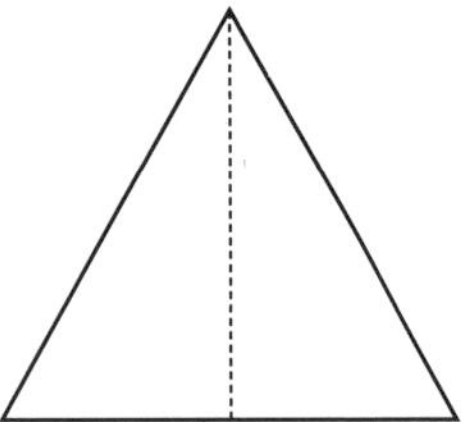

② 전체를 똑같이 3으로 나눈 것 중의 2

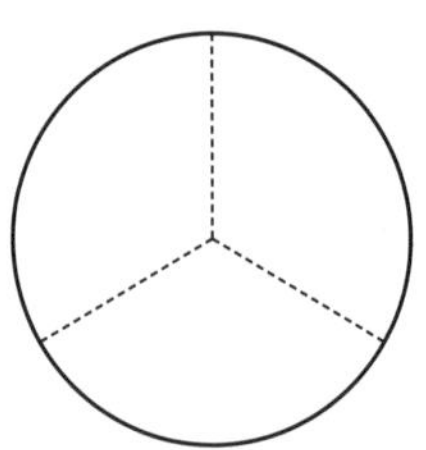

③ 전체를 똑같이 4로 나눈 것 중의 1

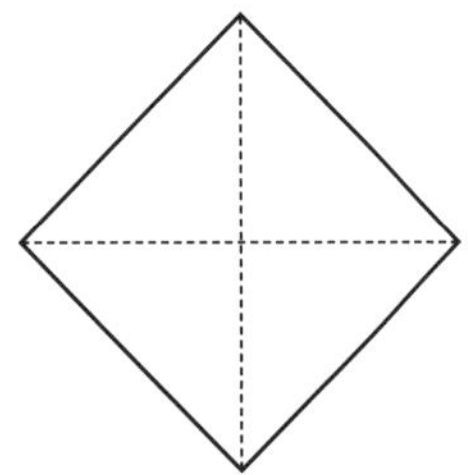

④ 전체를 똑같이 4로 나눈 것 중의 3

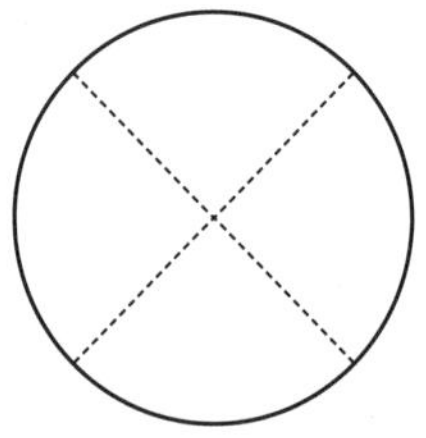

⑤ 전체를 똑같이 5로 나눈 것 중의 2

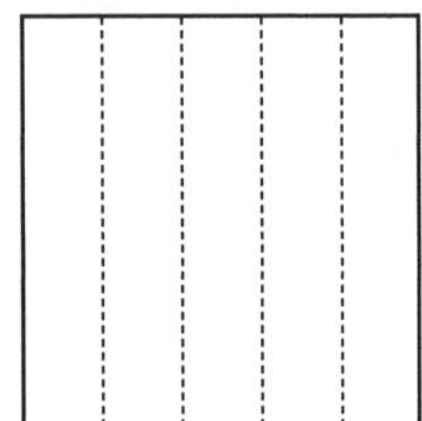

⑥ 전체를 똑같이 5로 나눈 것 중의 4

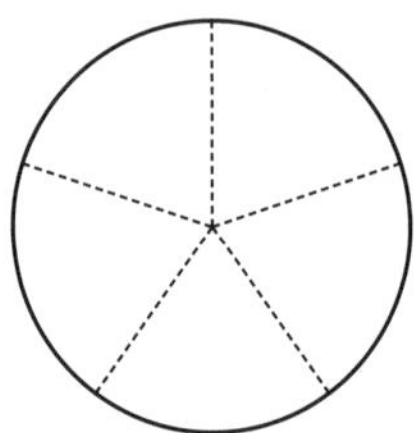

⑦ 전체를 똑같이 6으로 나눈 것 중의 5

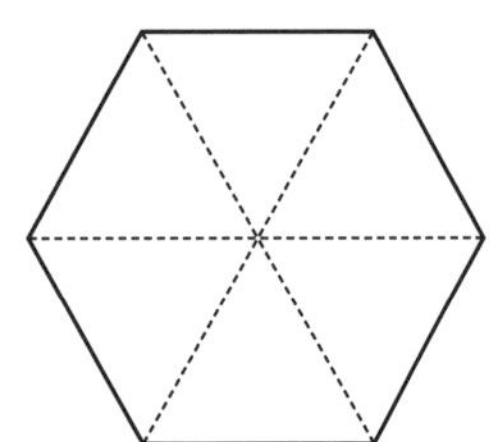

⑧ 전체를 똑같이 8로 나눈 것 중의 6

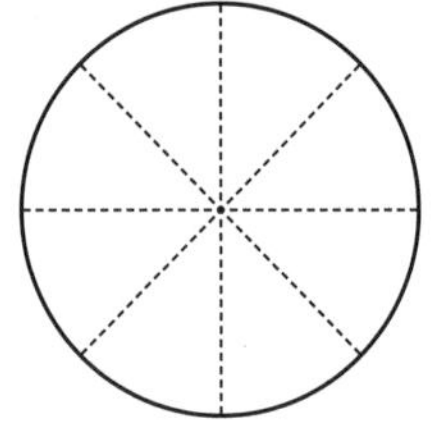

생각하며 푸는 문제

사고력, 문장제로 기본 개념을 익혀 봐요~

전체를 똑같이 나눈 수와 부분의 수를 각각 쓰세요.

1. 부분 [도형] 은 전체 [도형] 를 똑같이 5로 나눈 것 중의 3입니다.

전체를 똑같이 나눈 수: ______ 부분의 수: ______

2. 부분 [도형] 은 전체 [도형] 를 똑같이 6으로 나눈 것 중의 5 입니다.

전체를 똑같이 나눈 수: ______ 부분의 수: ______

색칠한 부분은 전체의 얼마인지 설명해 보세요.

3. 전체를 똑같이 5로 나눈 것 중의 4

4. 전체를 똑같이 ______ ______

5. 전체를 똑같이 ______ ______

6. ______ ______

분수로 나타내기 ① - 전체와 부분

3-1 교과서 6. 분수와 소수

피자 한 판을 똑같이 '셋으로 나눈 것 중 하나'를 분수로 나타내면?

피자 한 판을 똑같이 3조각으로 나눈 것 중 2조각을 먹고 1조각이 남았어요.

남은 피자는 전체의 $\frac{1}{3}$로 나타낼 수 있어요.

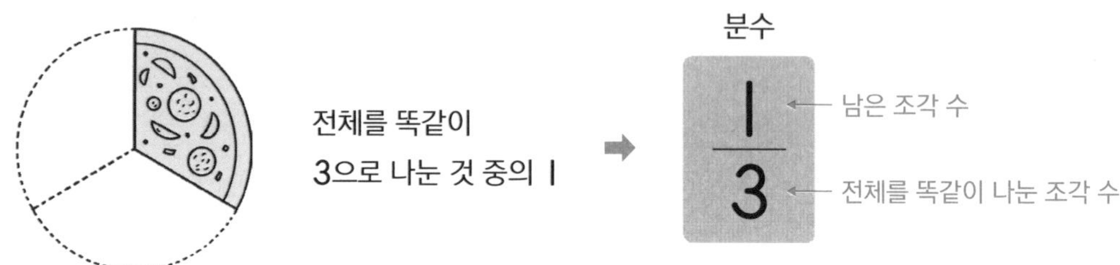

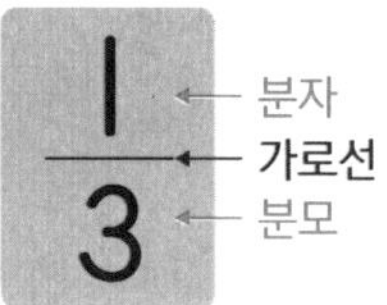

가로선 아래쪽에 있는 수 3을 **분모**,
위쪽에 있는 수 1을 **분자**라고 해요.

$\frac{1}{3}$이에요.

- 전체에 대한 부분의 크기를 분수로 나타낼 수 있어요.
- 분수는 $\frac{\text{(부분의 수)}}{\text{(전체를 똑같이 나눈 수)}}$로 나타내요.
- $\frac{1}{3}$은 3분의 1이라고 읽어요.
  - 분모를 먼저, 분자는 나중에 읽어요.

쏙쏙! OX 퀴즈

1. $\frac{2}{3}$는 전체를 똑같이 3으로 나눈 것 중의 2입니다. (　　)
2. 분수는 분자를 먼저 읽은 다음 분모를 읽습니다. (　　)

정답 1.○ 2.×

분수는 $\frac{(분자)}{(분모)}$로 나타내요. 가로선 아래쪽에 있는 수를 분모(分母), 가로선 위쪽에 있는 수를 분자(分子)라고 하는데, 엄마가 자식을 업고 있는 모습에서 나왔어요.

색칠한 부분을 나타낸 분수를 찾아 ○표 하세요.

1 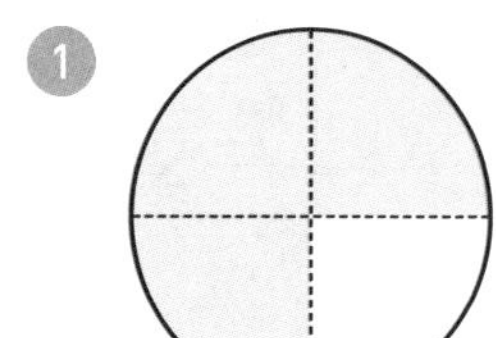

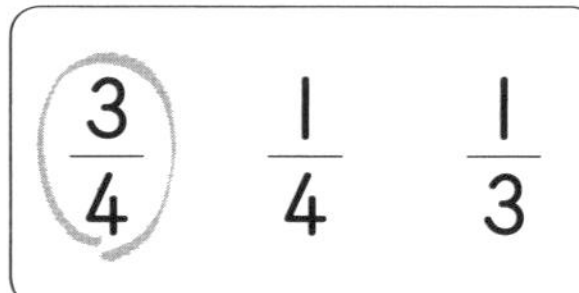

$\frac{3}{4}$ $\frac{1}{4}$ $\frac{1}{3}$

2 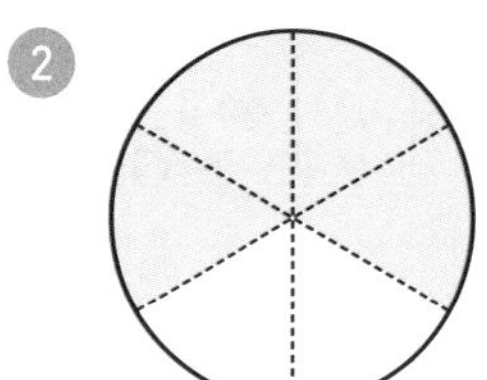

$\frac{2}{4}$ $\frac{4}{6}$ $\frac{6}{4}$

3 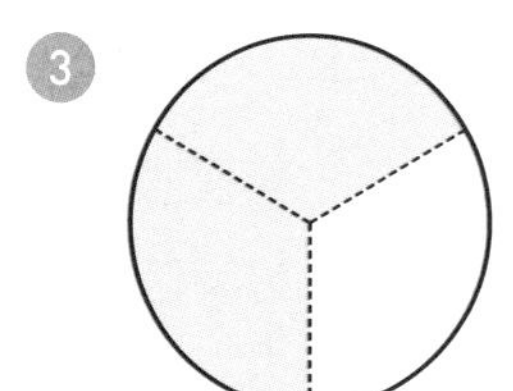

$\frac{1}{3}$ $\frac{2}{3}$ $\frac{3}{2}$

4 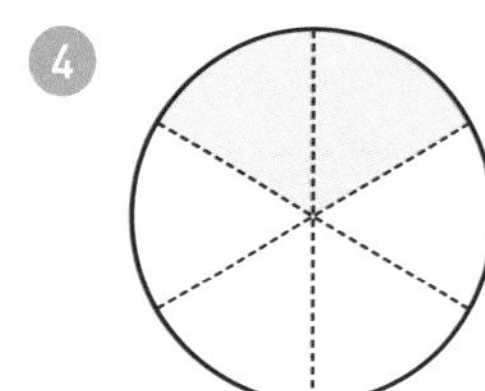

$\frac{6}{2}$ $\frac{4}{8}$ $\frac{2}{6}$

5 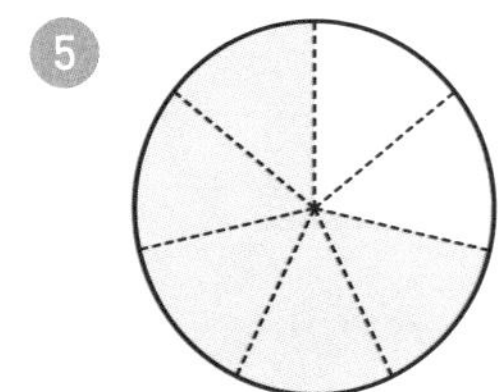

$\frac{4}{6}$ $\frac{6}{8}$ $\frac{5}{7}$

6 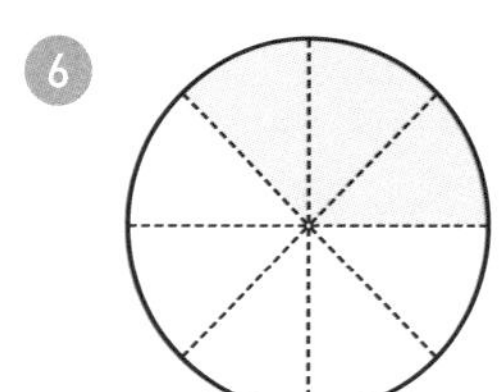

$\frac{3}{8}$ $\frac{4}{7}$ $\frac{3}{9}$

7 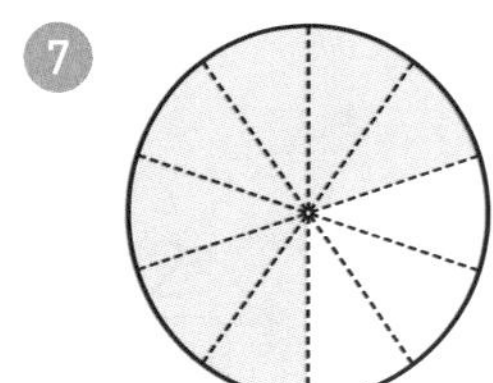

$\frac{6}{10}$ $\frac{7}{10}$ $\frac{3}{7}$

8 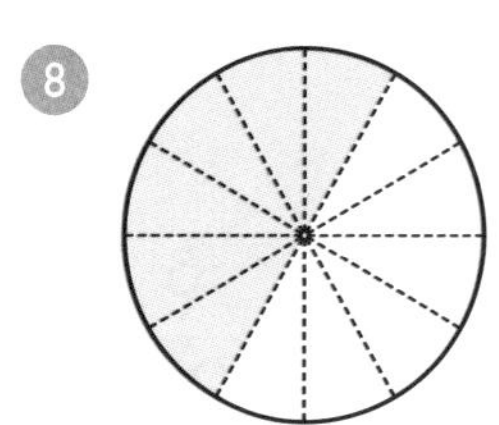

$\frac{6}{12}$ $\frac{6}{11}$ $\frac{5}{11}$

색칠한 부분을 분수로 나타내세요.

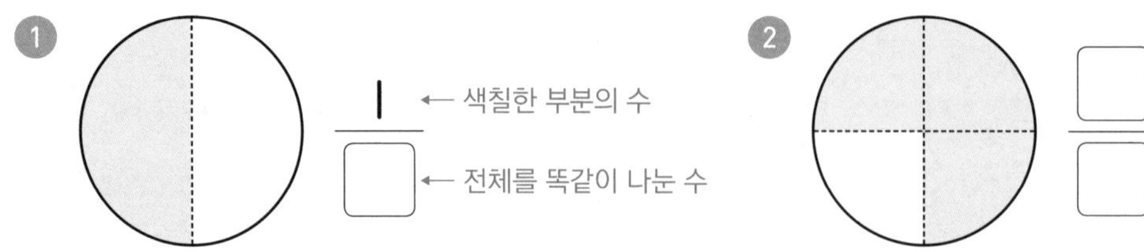

1

2

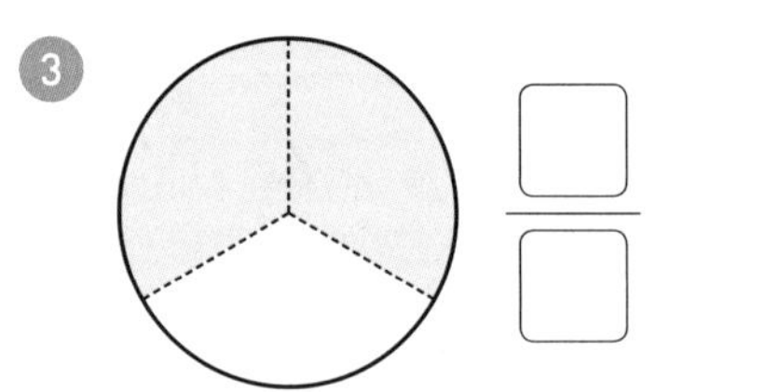

3

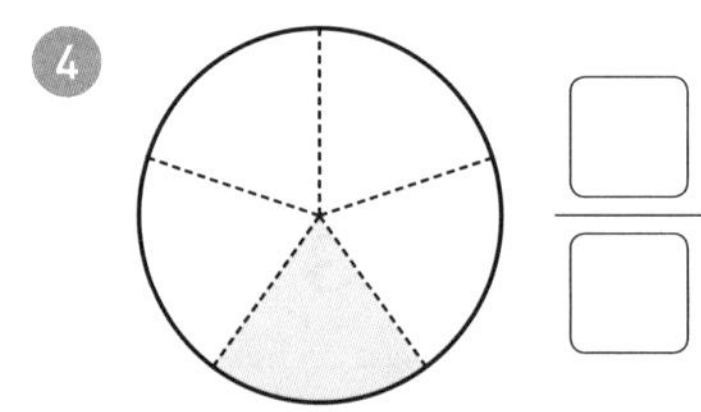

4

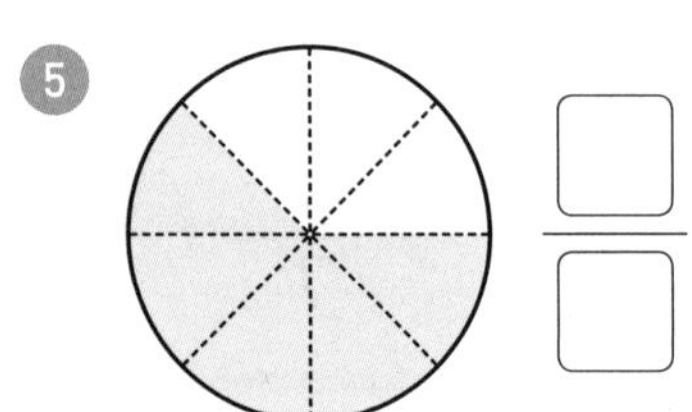

5

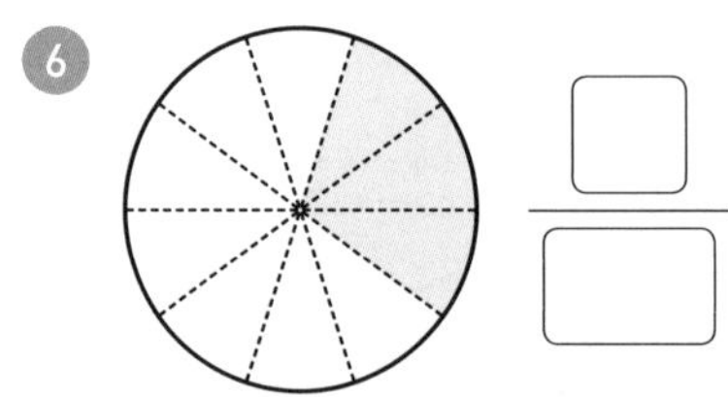

6

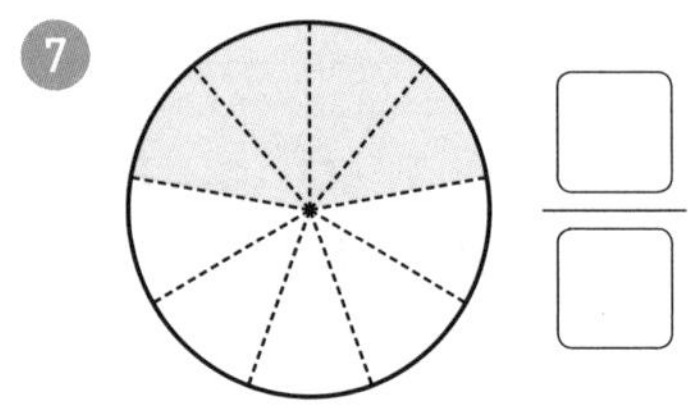

7

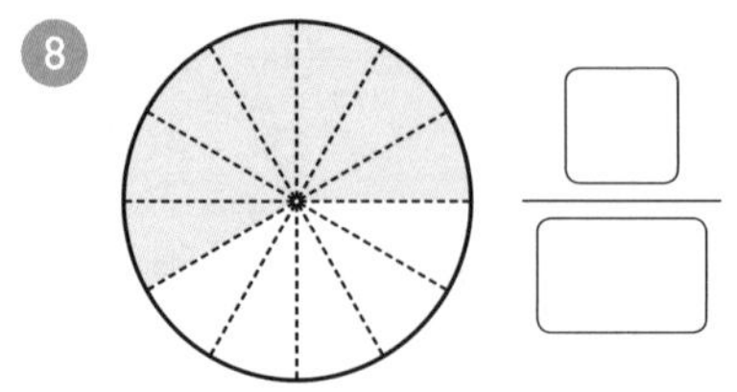

8

분수를 읽을 때는 분모를 먼저 읽고, 분자는 나중에 읽어요.

예 $\frac{2}{3}$ ⇨ 3분의 2 (3: 분모, 2: 분자)

분수를 읽어 보세요.

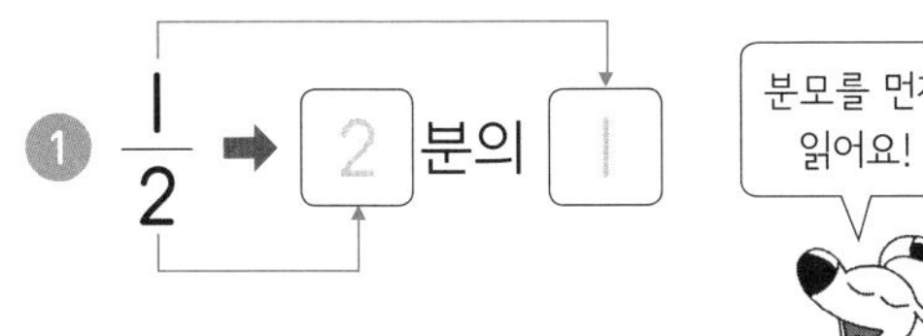

① $\frac{1}{2}$ ➡ 2 분의 1

② $\frac{3}{5}$ ➡ ☐분의 ☐

③ $\frac{3}{4}$ ➡ ☐분의 ☐

④ $\frac{5}{6}$ ➡ ☐분의 ☐

⑤ $\frac{1}{7}$ ➡ ☐분의 ☐

⑥ $\frac{4}{7}$ ➡ ☐분의 ☐

⑦ $\frac{5}{8}$ ➡ ☐분의 ☐

⑧ $\frac{8}{9}$ ➡ ☐분의 ☐

⑨ $\frac{2}{9}$ ➡ ☐분의 ☐

⑩ $\frac{9}{10}$ ➡ ☐분의 ☐

생각하며 푸는 문제

사고력, 문장제로 기본 개념을 익혀 봐요~

색칠한 부분을 분수로 나타내세요.

1 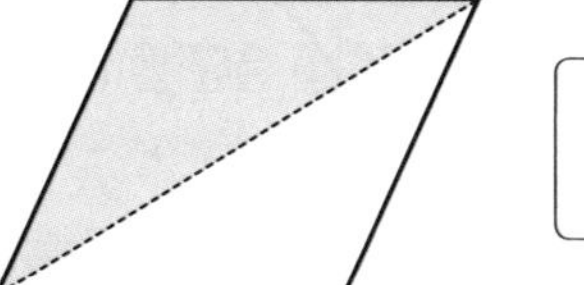

2  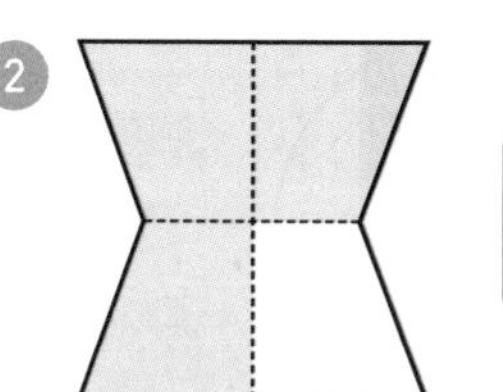 

3 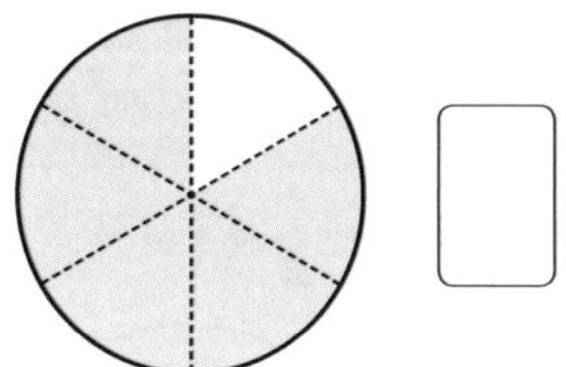 

4 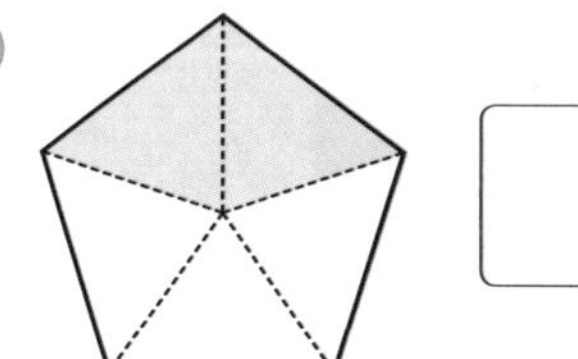

5 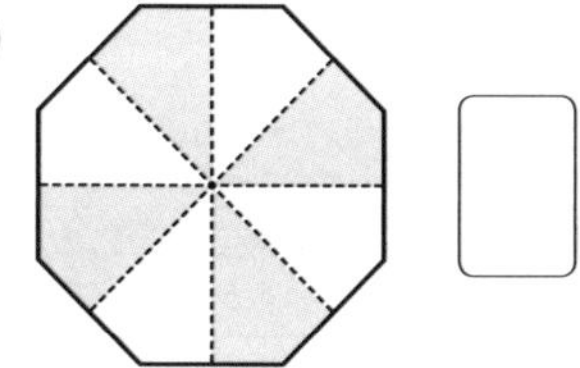 

6 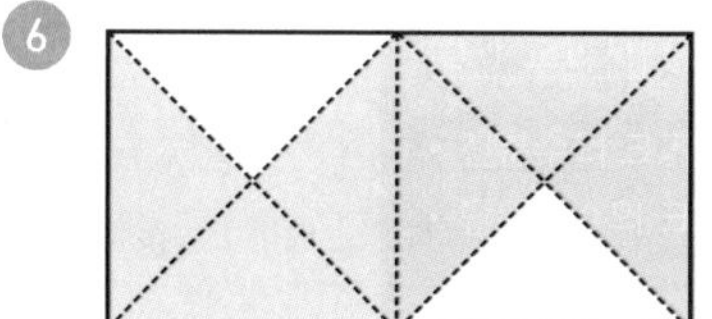

5 색칠한 부분이 붙어 있지 않아도 색칠한 부분의 수를 세어 분수로 나타낼 수 있어요.

물음에 답하세요.

7   쁘냥이는 카스텔라를 똑같이 8조각으로 나눈 것 중의 3조각을 먹었습니다. 쁘냥이가 먹은 카스텔라는 전체의 얼마인지 분수로 나타내세요.

____

8   빠독이는 피자 한 판을 똑같이 6조각으로 나눈 것 중의 1조각을 먹었습니다. 남은 조각은 전체의 얼마인지 분수로 나타내세요.

____

6조각으로 나눈 것 중 1조각을 먹었으므로 남은 조각은 5조각이에요.

초콜릿 '6개 중 5개'를 분수로 나타내면?

초콜릿 6개 중 1개를 빠독이가 먹었어요.

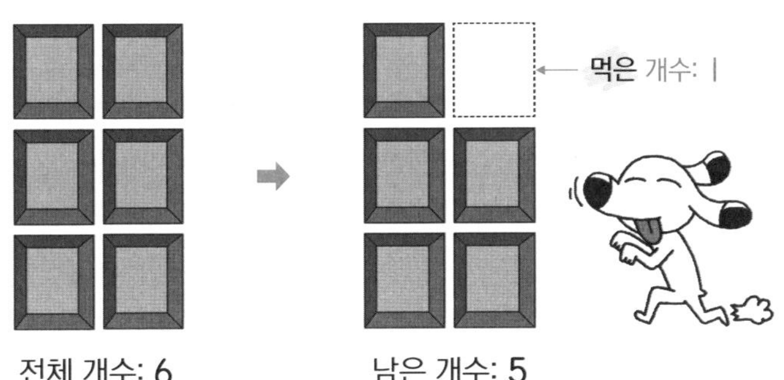

먹은 초콜릿 1개는 전체 6개의 $\frac{1}{6}$이에요. (1: 먹은 개수, 6: 전체 개수)

지금부터는 여러 개의 물건을 전체 모음(집합) 안에서 분수로 나타내는 것을 배워요.

남은 초콜릿 5개는 전체 6개의 $\frac{5}{6}$예요. (5: 남은 개수, 6: 전체 개수)

$\frac{5}{6}$예요.

· 분수는 $\frac{\text{(부분의 개수)}}{\text{(전체의 개수)}}$로 나타내요.

쏙쏙! OX 퀴즈

초콜릿 6개 중 1개를 먹으면 먹은 초콜릿 1개는 전체 6개의 $\frac{1}{6}$입니다.

( )

○ 정답

전체 개수에 대한 색칠한 개수를 분수로 나타내면 $\frac{\text{(색칠한 개수)}}{\text{(전체 개수)}}$예요.

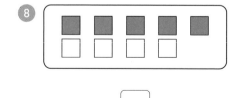

색칠한 개수는 전체 개수의 얼마인지 분수로 나타내세요.

❶

$\frac{1}{3}$ ← 색칠한 개수 / ← 전체 개수

❷

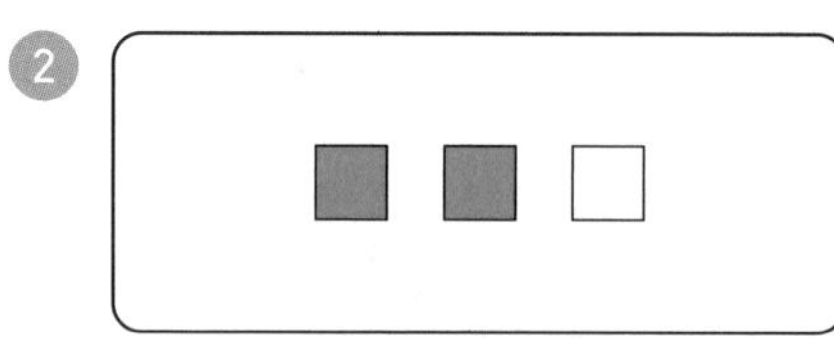

❸

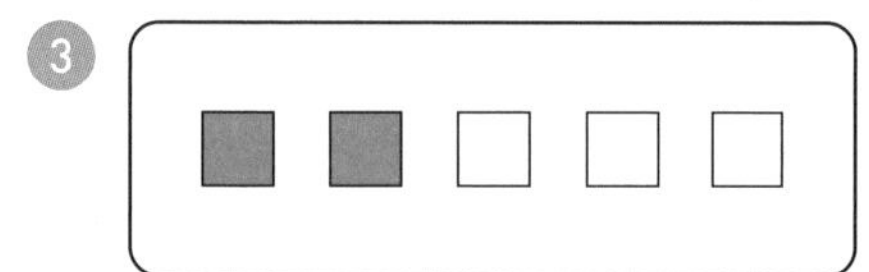

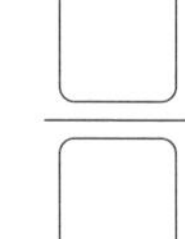

❹

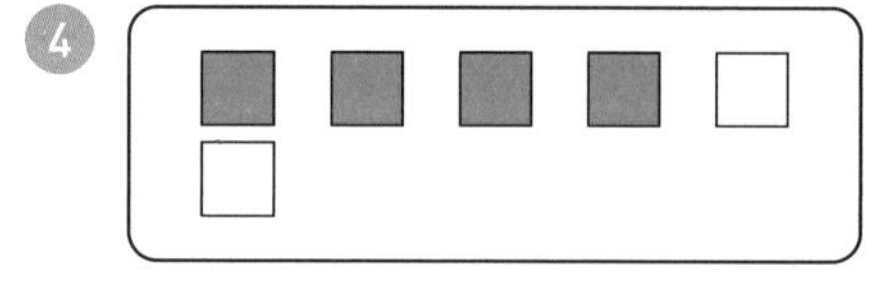

❺

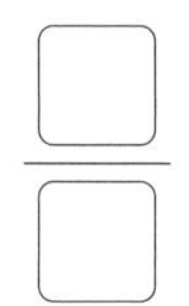

❻

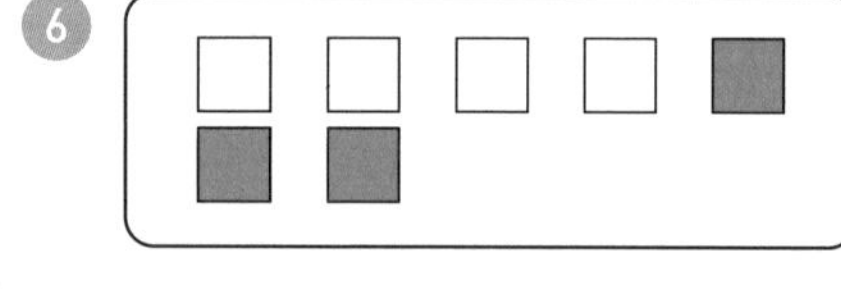

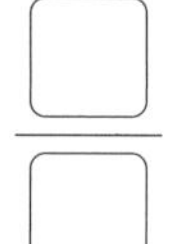

❼

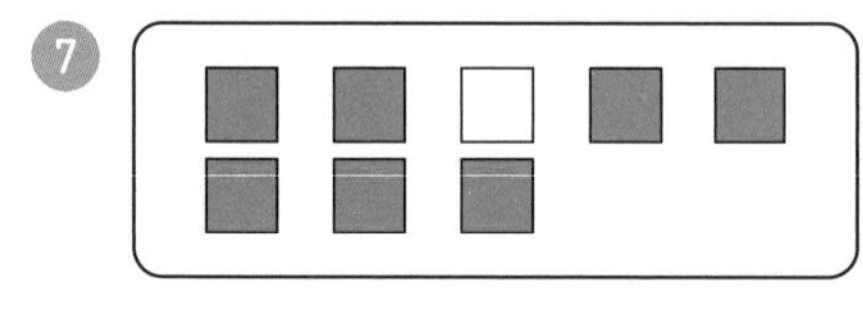

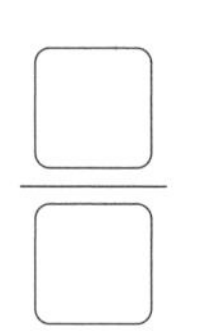

❽

 그림을 보고 □ 안에 알맞은 수를 써넣으세요.

1 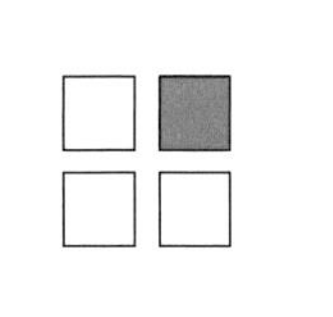 4의 $\frac{1}{4}$은 □(1)

2 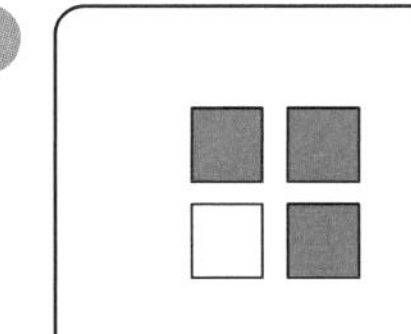 4의 $\frac{3}{4}$은 □

3 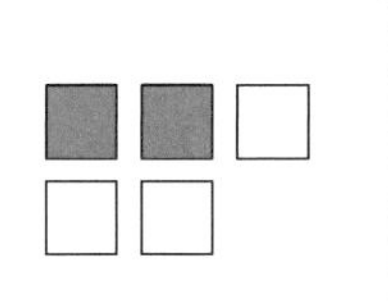 5의 $\frac{2}{5}$는 □

4 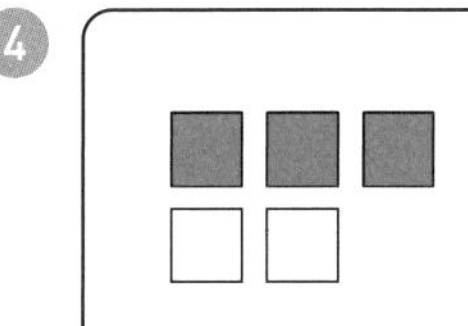 5의 $\frac{3}{5}$은 □

5 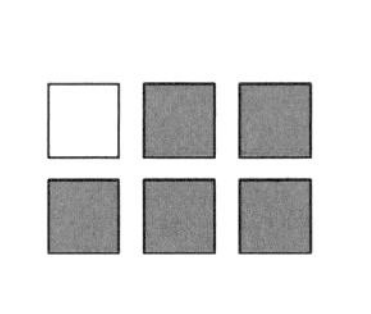 6의 $\frac{5}{6}$는 □

6 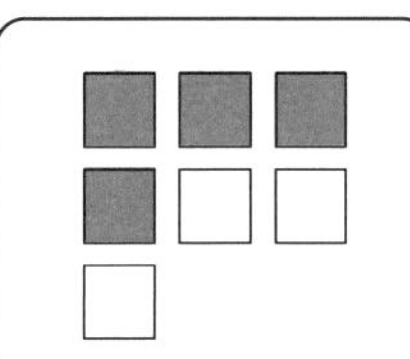 7의 $\frac{4}{7}$는 □

7 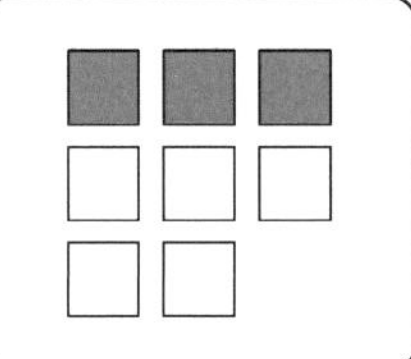 8의 $\frac{3}{8}$은 □

8 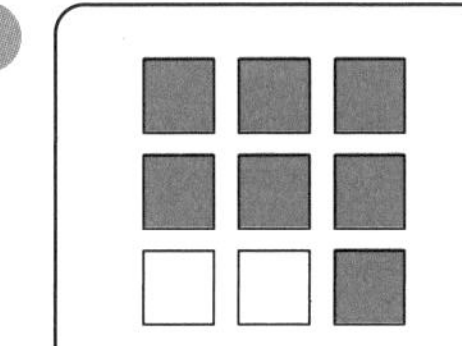 9의 $\frac{7}{9}$은 □

[$\frac{1}{3}$은 전체를 똑같이 3으로 나누었을 때의 1이에요.
전체가 3일 때 3의 $\frac{1}{3}$은 1이에요.]

분수만큼은 얼마인지 ☐ 안에 알맞은 수를 써넣으세요.

① 3의 $\frac{2}{3}$는 [2]

똑같이 3으로 나누면?
3개를 똑같이 3으로 나눈 것 중의 2는 2개야.

② 4의 $\frac{1}{4}$은 ☐

③ 5의 $\frac{2}{5}$는 ☐

④ 6의 $\frac{5}{6}$는 ☐

⑤ 7의 $\frac{3}{7}$은 ☐

⑥ 8의 $\frac{5}{8}$는 ☐

⑦ 9의 $\frac{1}{9}$은 ☐

⑧ 10의 $\frac{7}{10}$은 ☐

⑨ 11의 $\frac{3}{11}$은 ☐

⑩ 13의 $\frac{6}{13}$은 ☐

생각하며 푸는 문제

사고력, 문장제로 기본 개념을 익혀 봐요~

※ 전체 개수에 대한 부분의 개수를 분수로 나타내세요.

1 색칠한 부분: $\frac{1}{3}$, 색칠하지 않은 부분: $\frac{\square}{\square}$

2 색칠한 부분: $\frac{\square}{\square}$, 색칠하지 않은 부분: $\frac{\square}{\square}$

3 색칠한 부분: $\frac{\square}{\square}$, 색칠하지 않은 부분: $\frac{\square}{\square}$

※ 도넛이 한 상자에 7개 들어 있습니다. 이 중 빠독이가 3개를 먹었습니다. 물음에 답하세요.

4 빠독이가 먹은 도넛 수는 전체 도넛 수의 얼마인지 분수로 나타내세요.

____

5 빠독이가 먹고 남은 도넛 수는 전체 도넛 수의 얼마인지 분수로 나타내세요.

____

빠독이가 먹고 남은 도넛은 7−3=4(개)예요.

05 분수로 나타내기 ③ - 전체 묶음 수에 대한 부분 묶음 수

'과자 6개를 2묶음으로 똑같이 나눈 것 중 1묶음'을 분수로 나타내면?

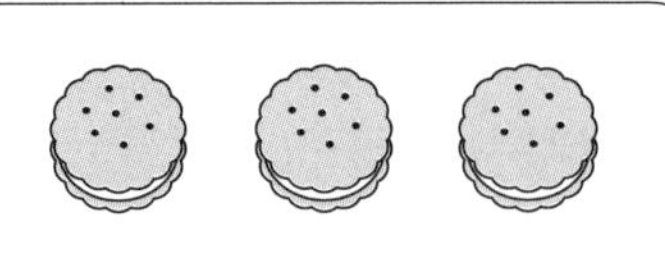
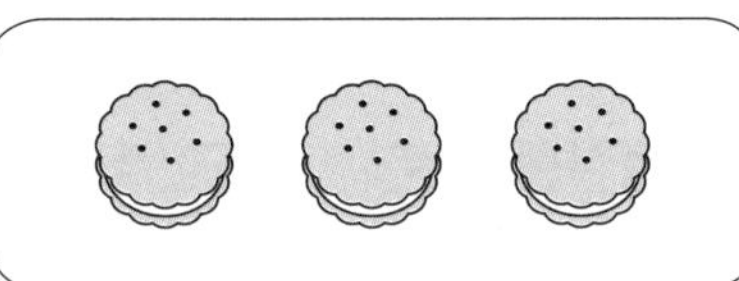

두 묶음으로
나누었네?

과자 6개를 2묶음으로 똑같이 나누면 3개는 전체 2묶음 중에서 1묶음의 수예요.

➡ 3은 6의 $\frac{1}{2}$

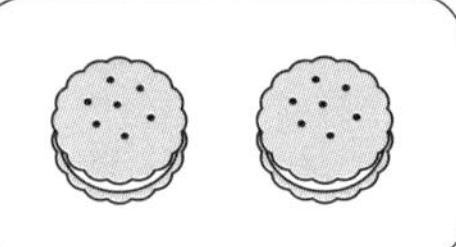
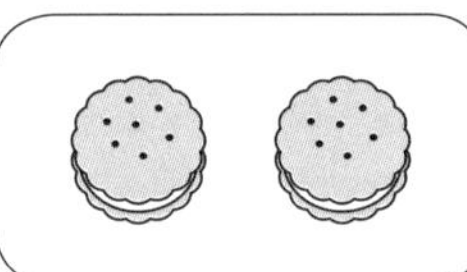
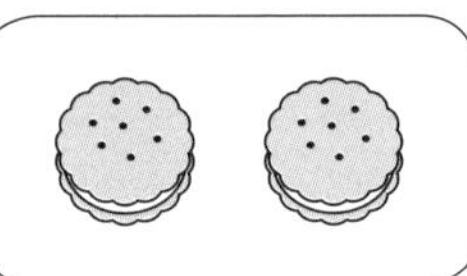

세 묶음으로
나누었네?

과자 6개를 3묶음으로 똑같이 나누면 2개는 전체 3묶음 중에서 1묶음의 수예요.

➡ 2는 6의 $\frac{1}{3}$

해결

$\frac{1}{2}$이에요.

· 분수는 $\frac{\text{(부분 묶음 수)}}{\text{(전체 묶음 수)}}$로 나타낼 수 있어요.

쏙쏙! OX 퀴즈

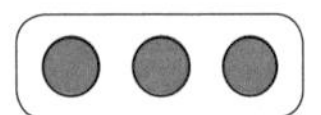

1. 색칠한 부분은 전체 2묶음 중의 1묶음입니다. (   )

2. 색칠한 부분을 분수로 나타내면 $\frac{1}{3}$입니다. (   )

정답 1. ○ 2. ×

※ 색칠한 부분을 분수로 나타내세요.

1

전체 [3] 묶음 중의 [1] 묶음

➡ $\frac{\square}{\square}$ ← 부분 묶음 수 / ← 전체 묶음 수

2

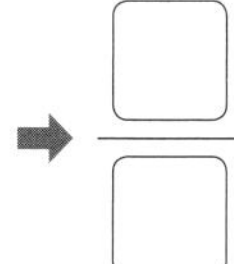

전체 [ ] 묶음 중의 [ ] 묶음

➡ $\frac{\square}{\square}$

3

전체 [ ] 묶음 중의 [ ] 묶음

➡ $\frac{\square}{\square}$

4

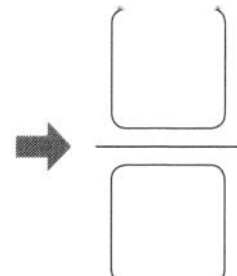

전체 [ ] 묶음 중의 [ ] 묶음

➡ $\frac{\square}{\square}$

5

전체 [ ] 묶음 중의 [ ] 묶음

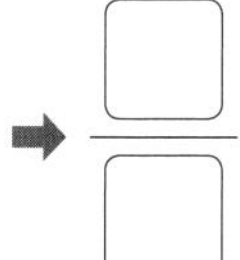

➡ $\frac{\square}{\square}$

6

전체 [ ] 묶음 중의 [ ] 묶음

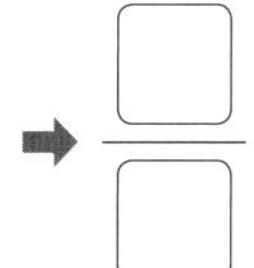

➡ $\frac{\square}{\square}$

쓱쓱
풀자!

05

색칠한 부분을 분수로 나타내세요.

1
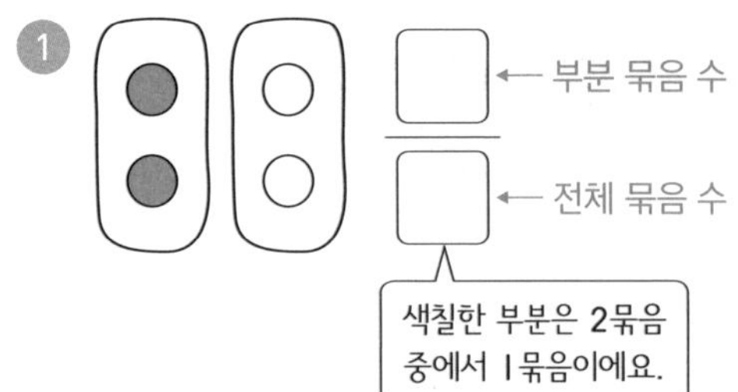
부분 묶음 수
전체 묶음 수
색칠한 부분은 2묶음
중에서 1묶음이에요.

2
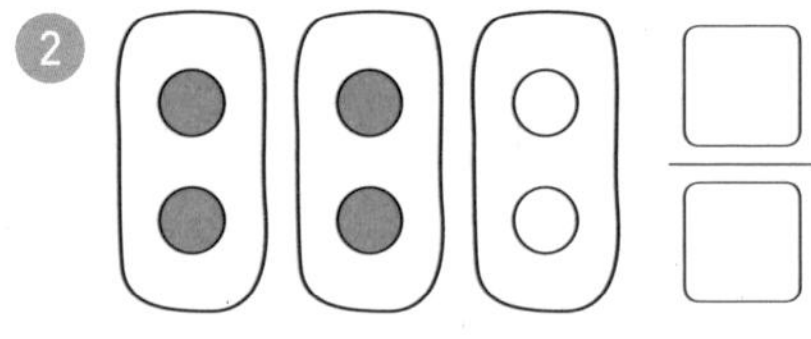

3

4

5

6
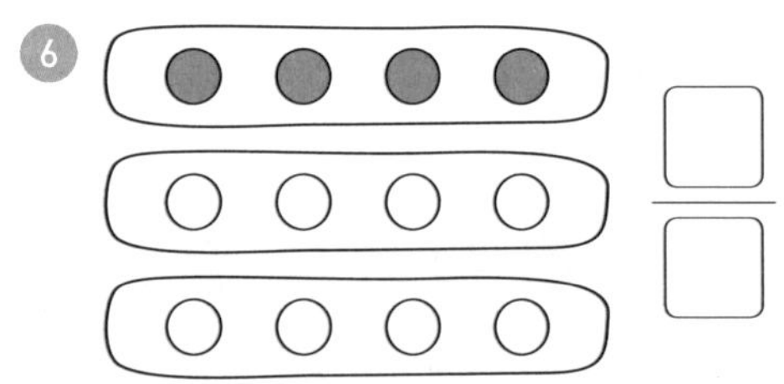

7

8
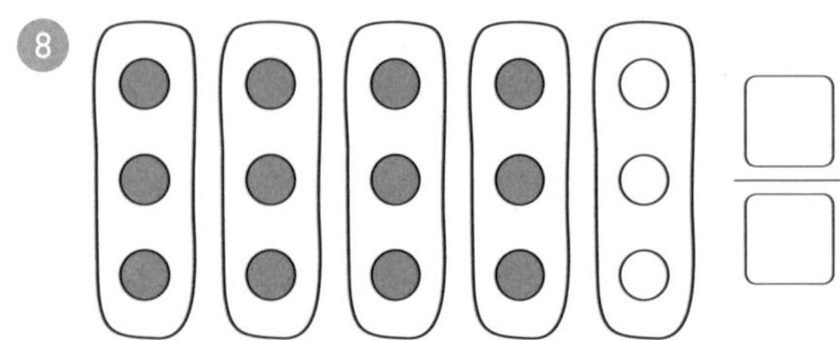

생각하며 푸는 문제

사고력, 문장제로 기본 개념을 익혀 봐요~

※ 그림을 보고 □ 안에 알맞은 수를 써넣으세요.

① 20을 10씩 묶으면 10은 20의 $\frac{\square}{\square}$입니다.

② 20을 5씩 묶으면 5는 20의 $\frac{\square}{\square}$입니다.

③ 20을 4씩 묶으면 4는 20의 $\frac{\square}{\square}$입니다.

① 아이스크림을 10개씩 묶어 보세요.
② 아이스크림을 5개씩 묶어 보세요.
③ 아이스크림을 4개씩 묶어 보세요.

※ 물음에 답하세요.

④ 과자 18개를 똑같이 3접시에 나누어 담았습니다. 빠독이가 그중 1접시를 먹었다면 먹은 과자는 전체의 얼마인지 분수로 나타내세요.

____

⑤ 뽀냥이가 구슬 12개를 3개씩 봉지에 나누어 담았습니다. 구슬 3개는 전체의 얼마인지 분수로 나타내세요.

____

어렵다면 구슬을 그리고, 3개씩 묶어 보세요.

분수만큼의 크기 구하기 - 수

과자 6개의 $\frac{2}{3}$는 몇 개인가요?

과자 6개의 $\frac{1}{3}$부터 알아볼까요? 6개의 $\frac{1}{3}$은 과자 6개를 3묶음으로 똑같이 나눈 것 중 1묶음에 들어 있는 과자 수예요.

전체는 6개

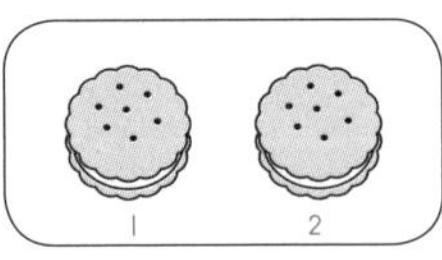

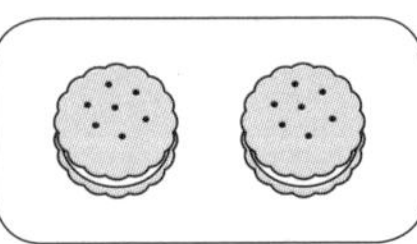
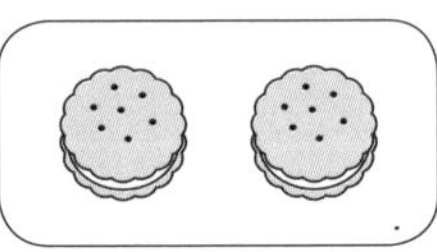

6의 $\frac{1}{3}$은 2

전체의 $\frac{1}{3}$ ← 부분 묶음 수 / ← 전체 묶음 수

6개의 $\frac{2}{3}$는 과자 6개를 3묶음으로 똑같이 나눈 것 중 2묶음에 들어 있는 과자 수예요.

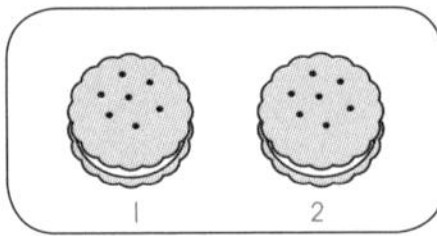

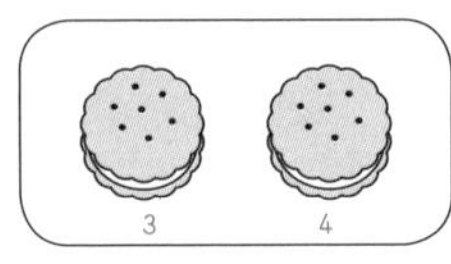

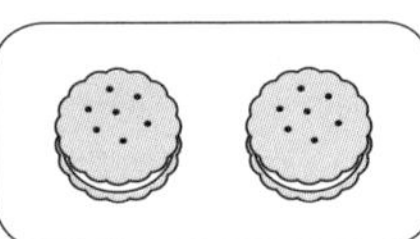

6의 $\frac{2}{3}$는 4

전체의 $\frac{2}{3}$

4개예요.

· 6의 $\frac{2}{3}$를 빠르게 구하는 방법

① 1묶음이 얼마인지 구해요.
3묶음이 6이므로 1묶음의 수 ➡ $6 \div 3 = 2$

② (1묶음 수)에 (부분 묶음 수)를 곱해요.
➡ $2 \times 2 = 4$

(2 ↑ 1묶음 수, 2 ↑ 부분 묶음 수)

쏙쏙! OX 퀴즈

1. 과자 6개의 $\frac{1}{3}$은 2개입니다. (　　)

2. 과자 6개의 $\frac{2}{3}$는 3개입니다. (　　)

정답 1.○ 2.×

[8의 $\frac{1}{2}$ ➡ 8을 2묶음으로 똑같이 나눈 것 중 1 (○○○○) (○○○○) (↑ 8의 $\frac{1}{2}$)
8의 $\frac{1}{4}$ ➡ 8을 4묶음으로 똑같이 나눈 것 중 1 (○○) (○○) (○○) (○○) (↑ 8의 $\frac{1}{4}$)]

그림을 보고 □ 안에 알맞은 수를 써넣으세요.

1
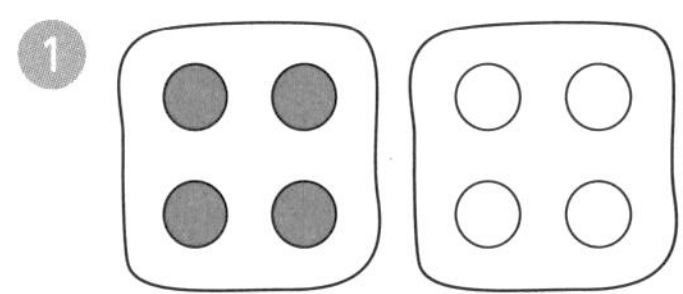

8의 $\frac{1}{2}$은 [4]

2
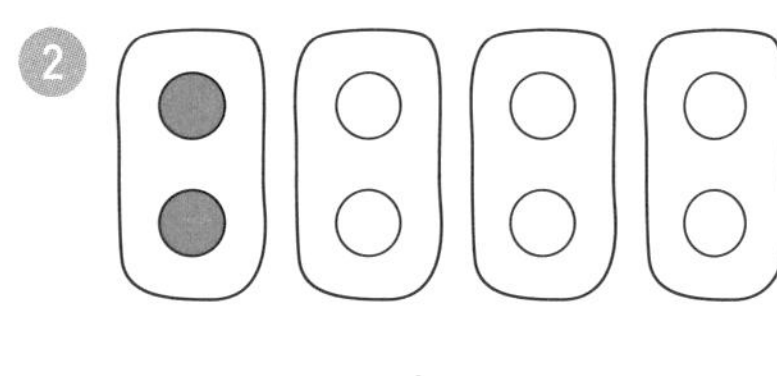

8의 $\frac{1}{4}$은 □

3
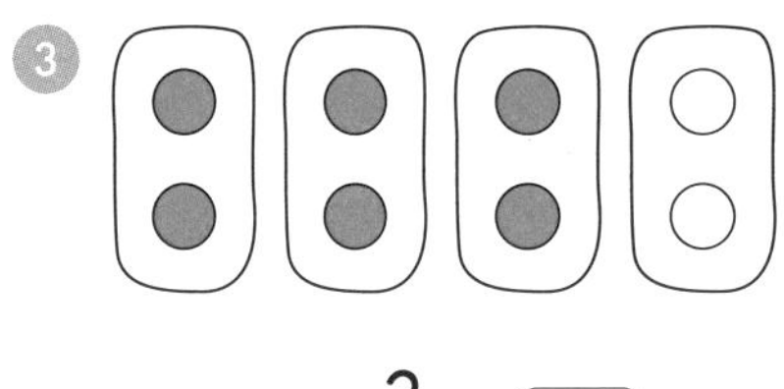

8의 $\frac{3}{4}$은 □

4
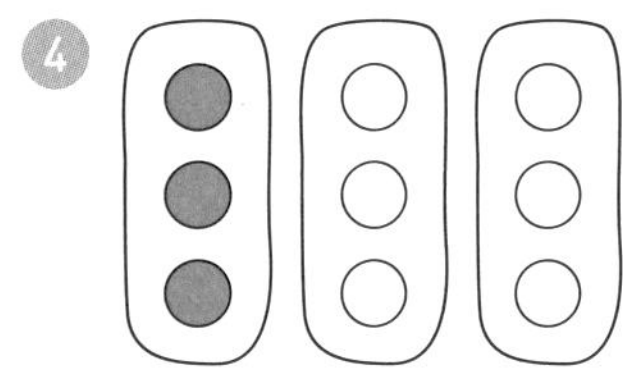

9의 $\frac{1}{3}$은 □

5
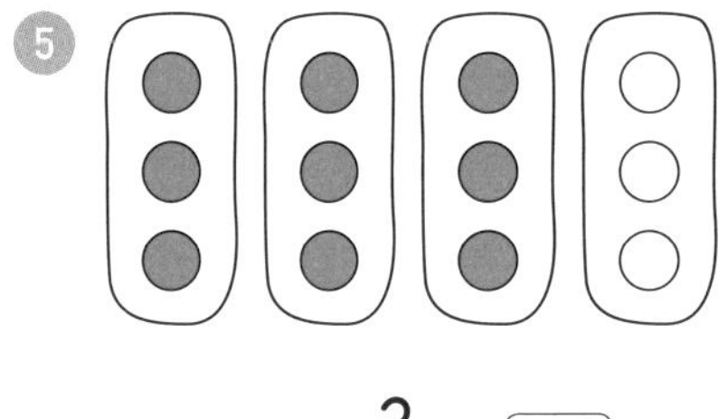

12의 $\frac{3}{4}$은 □

6
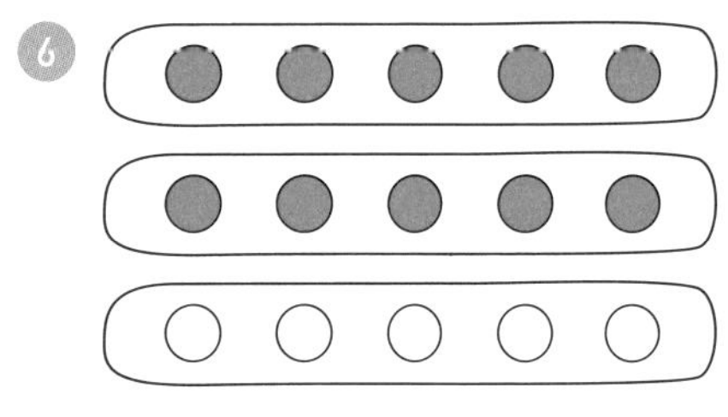

15의 $\frac{2}{3}$는 □

7

12의 $\frac{2}{3}$는 □

8

18의 $\frac{5}{6}$는 □

※ ☐ 안에 알맞은 수를 써넣으세요.

❶ 6의 $\frac{1}{2}$은 [3]

(1묶음의 수)=6÷2=3

❷ 10의 $\frac{1}{5}$은 ☐

❸ 18의 $\frac{1}{3}$은 ☐

❹ 12의 $\frac{1}{4}$은 ☐

❺ 15의 $\frac{2}{5}$는 ☐

(1묶음의 수)=15÷5=3
(2묶음의 수)=3×2=6

❻ 21의 $\frac{2}{7}$는 ☐

❼ 16의 $\frac{3}{4}$은 ☐

❽ 15의 $\frac{3}{5}$은 ☐

❾ 14의 $\frac{4}{7}$는 ☐

❿ 20의 $\frac{4}{5}$는 ☐

생각하며 푸는 문제

사고력, 문장제로 기본 개념을 익혀 봐요~

1 같은 수끼리 이어 보세요.

15의 $\frac{2}{5}$	20의 $\frac{3}{4}$	21의 $\frac{2}{3}$
16의 $\frac{7}{8}$	25의 $\frac{3}{5}$	16의 $\frac{3}{8}$

※ 물음에 답하세요.

2 생선 12마리가 있습니다. 쁘냥이가 12마리 중 $\frac{3}{4}$을 먹었습니다. 쁘냥이가 먹은 생선은 몇 마리일까요?

3 동물원에 있는 27마리의 원숭이 중 $\frac{1}{3}$이 긴꼬리 원숭이입니다. 동물원에 있는 긴꼬리 원숭이는 몇 마리일까요?

분수만큼의 크기 구하기 - 길이

종이띠 8 cm의 $\frac{3}{4}$은 몇 cm인가요?

8 cm의 종이띠를 4부분으로 똑같이 나누었어요.

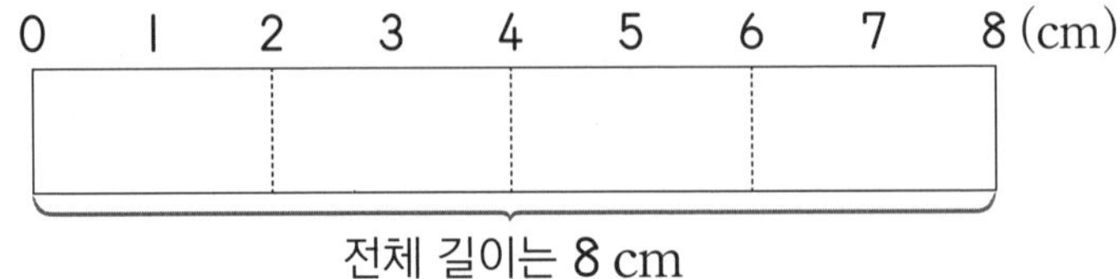

똑같이 나눈 것 중의 1부분은 2 cm이므로 3부분을 색칠했다면
색칠한 부분은 2 cm의 3배인 6 cm예요.

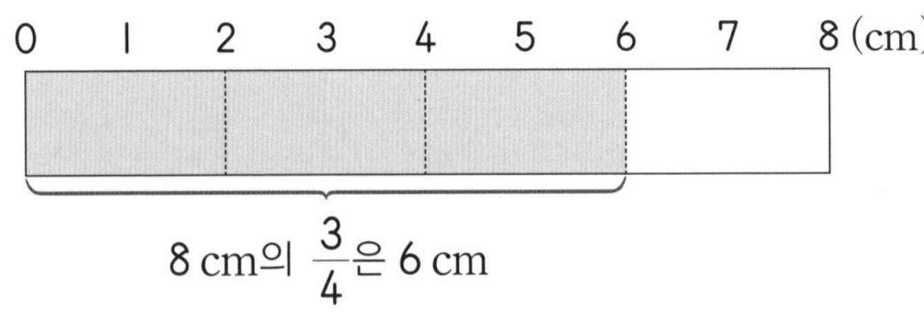

8의 $\frac{1}{4}$은 2니까
8의 $\frac{3}{4}$은 2×3=6이야.

6 cm예요.

· 8 cm의 $\frac{3}{4}$을 빠르게 구하는 방법

① 1부분의 길이가 몇 cm인지 구해요.
4부분이 8 cm이므로 1부분의 길이 ➡ 8÷4=2 (cm)

② (1부분의 길이)에 (부분의 수)를 곱해요.
➡ 2 cm × 3 = 6 cm

(2 cm: 1부분의 길이, 3: 부분의 수)

쏙쏙! OX 퀴즈

1. 8 cm의 $\frac{3}{4}$은 8 cm를 똑같이 4로 나눈 것 중의 3입니다. (　　　)
2. 8 cm의 $\frac{1}{4}$은 4 cm입니다. (　　　)

정답 1. ○ 2. ×

종이띠를 분수만큼 색칠하고 □ 안에 알맞은 수를 써넣으세요.

1

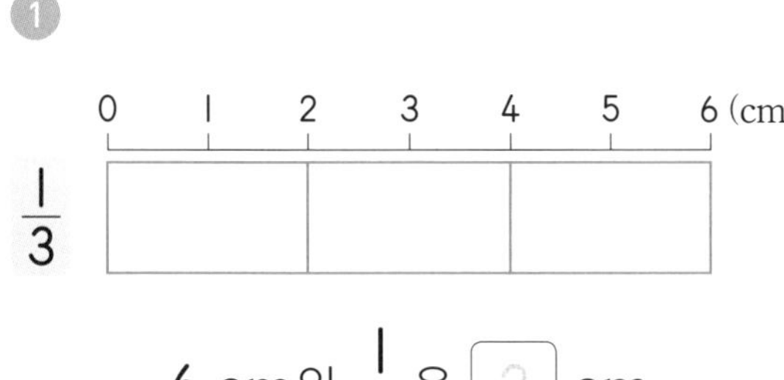

6 cm의 $\frac{1}{3}$은 [2] cm

2

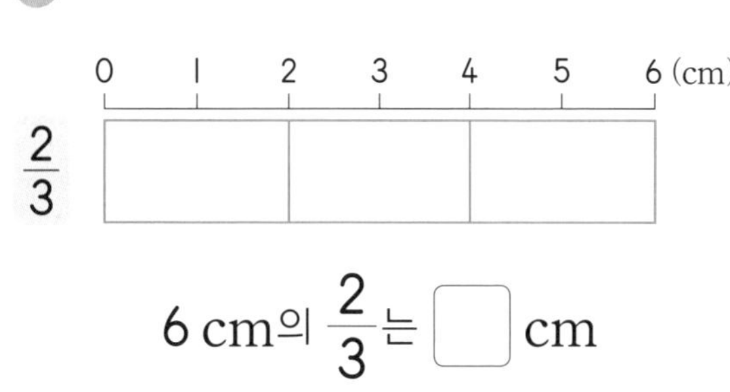

6 cm의 $\frac{2}{3}$는 □ cm

3

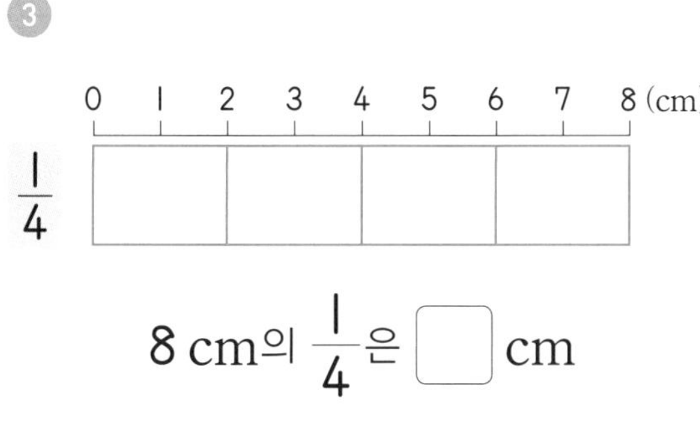

8 cm의 $\frac{1}{4}$은 □ cm

4

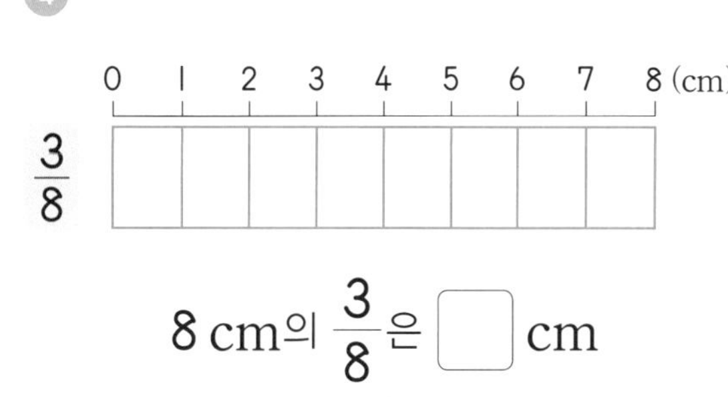

8 cm의 $\frac{3}{8}$은 □ cm

5

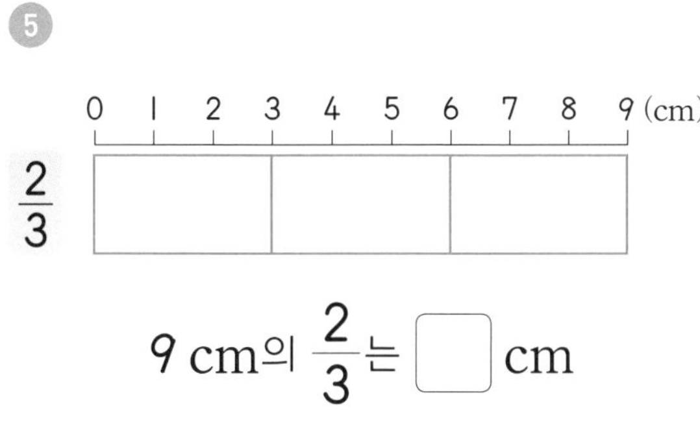

9 cm의 $\frac{2}{3}$는 □ cm

6

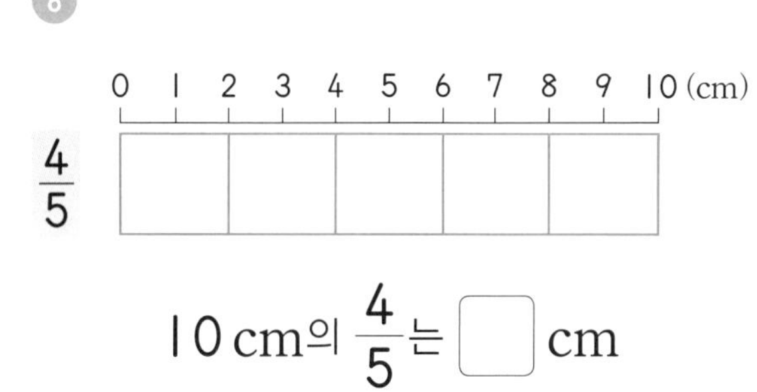

10 cm의 $\frac{4}{5}$는 □ cm

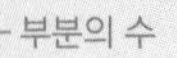

[12 cm의 $\frac{2}{3}$를 구하는 비법을 기억해 두면 빠르게 구할 수 있어요.

① 1부분이 몇 cm인지 구해요. ⇨ 3부분이 12 cm이므로 1부분은 $12 \div 3 = 4$ (cm)

② 1부분의 길이에 부분의 수를 곱해요. ⇨ 4 cm$\times 2 = 8$ cm]

└ 부분의 수

※ □ 안에 알맞은 수를 써넣으세요.

❶ 4 cm의 $\frac{1}{2}$은 □ cm

(1부분의 길이)$=4 \div 2 = 2$ (cm)

❷ 10 cm의 $\frac{1}{5}$은 □ cm

❸ 18 cm의 $\frac{2}{3}$는 □ cm

(1부분의 길이)$=18 \div 3 = 6$ (cm)
(2부분의 길이)$=6 \times 2 = 12$ (cm)

❹ 12 cm의 $\frac{3}{4}$은 □ cm

❺ 15 cm의 $\frac{2}{5}$는 □ cm

❻ 21 cm의 $\frac{2}{7}$는 □ cm

❼ 16 cm의 $\frac{5}{8}$는 □ cm

❽ 18 cm의 $\frac{5}{6}$는 □ cm

❾ 20 cm의 $\frac{4}{5}$는 □ cm

❿ 27 cm의 $\frac{8}{9}$은 □ cm

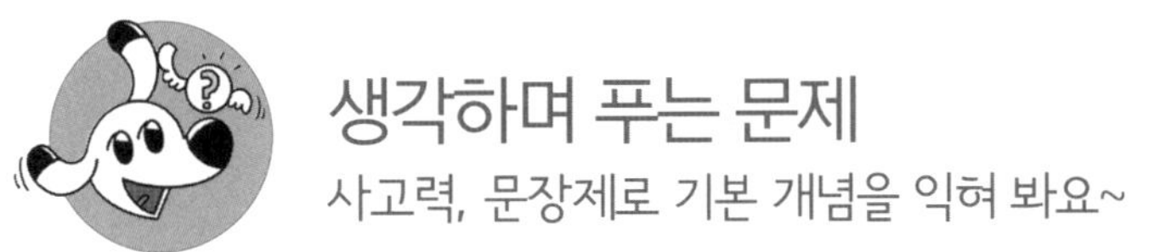

생각하며 푸는 문제

사고력, 문장제로 기본 개념을 익혀 봐요~

1 길이가 같은 것끼리 이어 보세요.

20 cm의 $\frac{3}{5}$	8 cm의 $\frac{3}{4}$	18 cm의 $\frac{4}{9}$
•	•	•
•	•	•
12 cm의 $\frac{1}{2}$	16 cm의 $\frac{3}{4}$	14 cm의 $\frac{4}{7}$

※ 물음에 답하세요.

답을 쓸 때 단위 쓰는 것은 잊지 마세요.

2 빠독이는 길이가 25 cm인 리본을 사서 그중 $\frac{3}{5}$을 선물을 포장하는 데 사용하였습니다. 빠독이가 사용한 리본의 길이는 몇 cm일까요?

____

3 쁘냥이는 길이가 42 m인 털실을 사서 그중 $\frac{2}{7}$를 미술 시간에 사용하였습니다. 쁘냥이가 사용한 털실의 길이는 몇 m일까요?

____

신문 기사 속 '사분기'의 뜻을 알아봐요!

신문 기사를 읽을 때 '1사분기', '2사분기'라는 단어를 본 적 있나요? 사분기는 어떤 기간을 똑같이 넷으로 나눈 것 중의 하나로, 전 기간 중의 $\frac{1}{4}$ 이에요.

1사분기는 1년(12개월)을 넷으로 똑같이 나누었을 때, 1월부터 3월까지의 기간을 말해요. 참, 1사분기는 1/4분기로도 쓸 수 있어요. 둘은 같은 표현이니 헷갈리지 말아요.

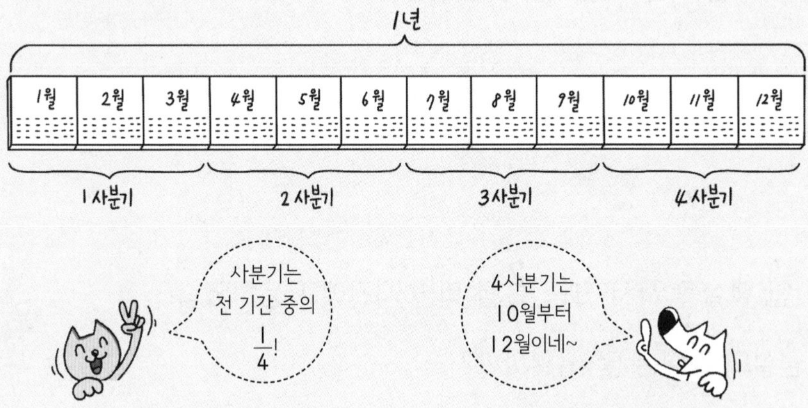

둘째 마당 분수의 종류, 분수의 크기 비교

08 $\frac{3}{3}$은 진분수인가요? 가분수인가요?

09 $1\frac{3}{4}$을 가분수로 나타내면 $\frac{13}{4}$인가요? $\frac{7}{4}$인가요?

10 $\frac{1}{3}$과 $\frac{2}{3}$ 중 어떤 분수가 더 큰가요?

11 $\frac{5}{3}$와 $1\frac{1}{3}$ 중 어떤 분수가 더 큰가요?

12 $\frac{1}{3}$과 $\frac{1}{4}$ 중 어떤 분수가 더 큰가요?

$\frac{3}{3}$은 진분수인가요? 가분수인가요?

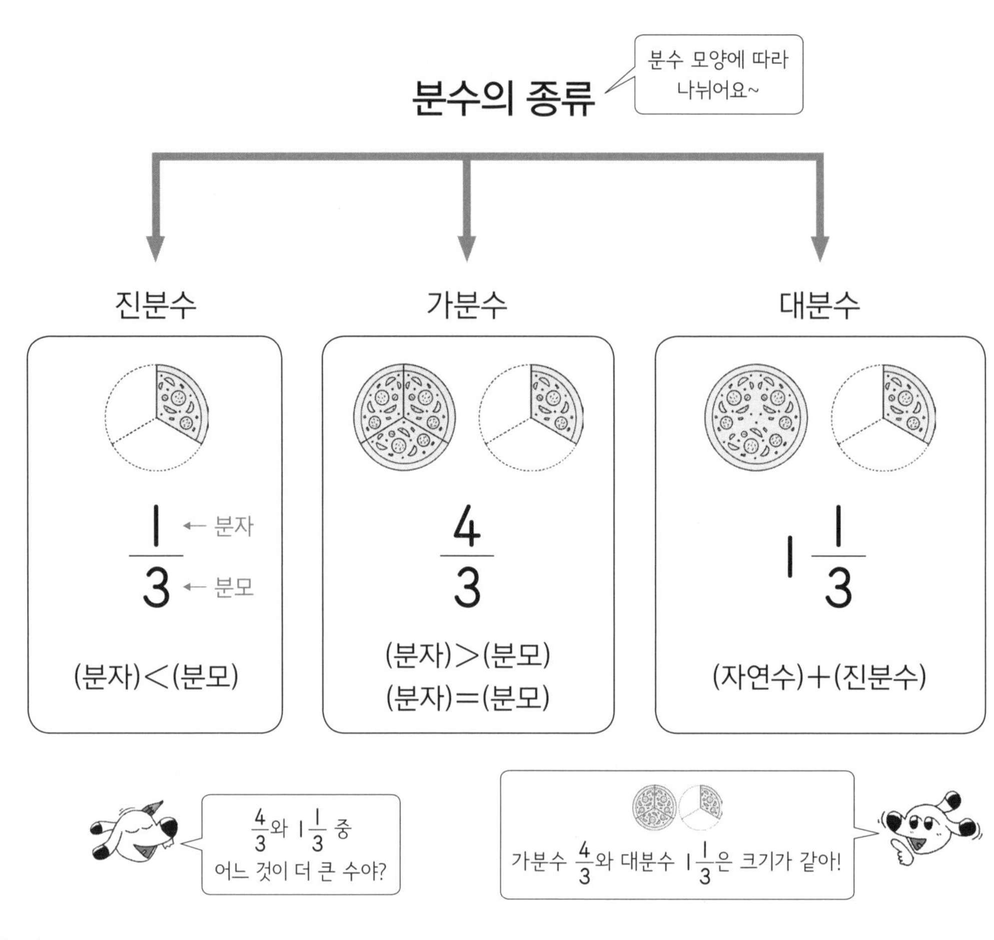

가분수예요.

- 진분수: 분자가 분모보다 작은 분수 예 $\frac{1}{3}$, $\frac{2}{3}$
- 가분수: 분자가 분모와 같거나 분모보다 큰 분수 예 $\frac{3}{3}$, $\frac{4}{3}$
- 대분수: 자연수와 진분수로 이루어진 분수 예 $1\frac{1}{3}$

1과 3분의 1이라고 읽어요.

쏙쏙! OX 퀴즈

1. $\frac{2}{2}$는 진분수입니다. (　　)
2. 대분수는 자연수와 진분수로 이루어진 분수입니다. (　　)

정답 1.× 2.○

※ 분수만큼 색칠하고 알맞은 분수에 ○표 하세요.

1 $\frac{1}{4}$ →

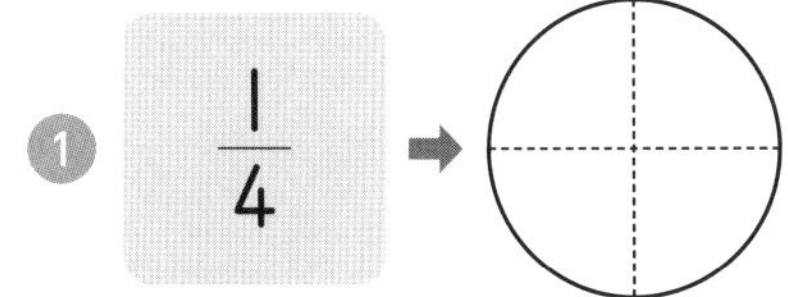

(진분수 , 가분수 , 대분수)

2 $\frac{2}{4}$ →

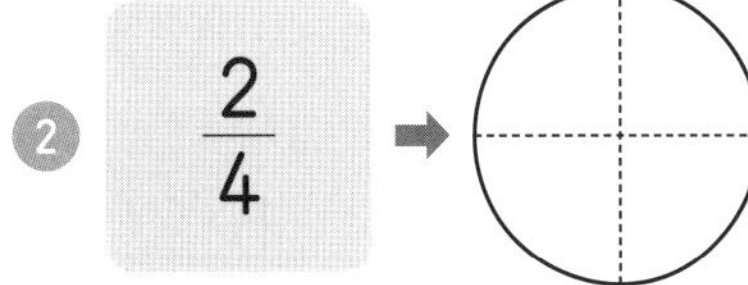

(진분수 , 가분수 , 대분수)

3 $\frac{4}{5}$ →

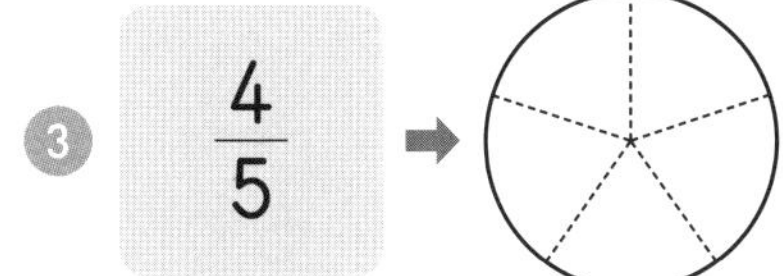

(진분수 , 가분수 , 대분수)

4 $\frac{6}{5}$ →

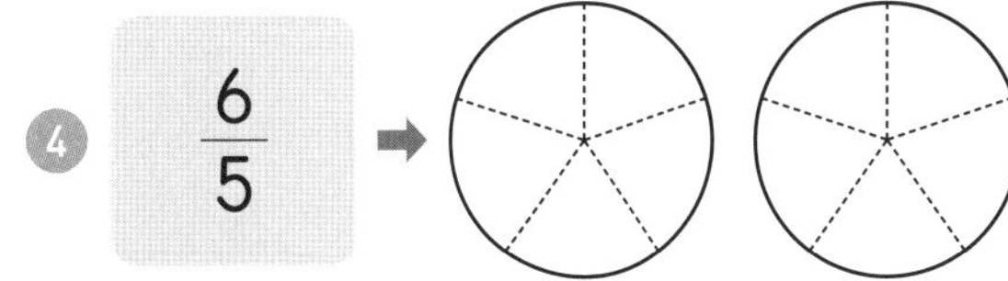

(진분수 , 가분수 , 대분수)

5 $\frac{2}{7}$ →

(진분수 , 가분수 , 대분수)

6 $\frac{17}{10}$ →

(진분수 , 가분수 , 대분수)

7 $\frac{10}{10}$ →

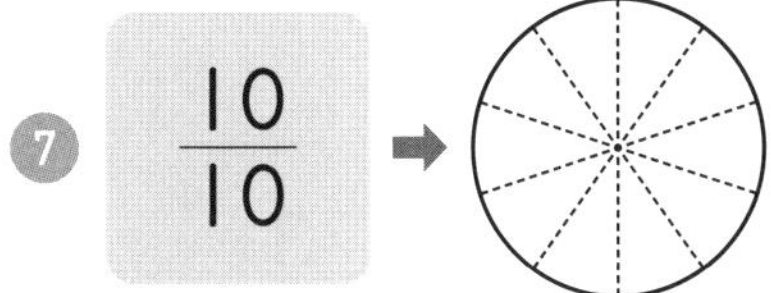

(진분수 , 가분수 , 대분수)

8 $1\frac{3}{10}$ →

(진분수 , 가분수 , 대분수)

[$\frac{3}{3}, \frac{4}{4}, \frac{5}{5}$……와 같이 분모와 분자가 같은 분수를 진분수라고 착각하는 경우가 많아요.
분모와 분자가 같으면 가분수라는 사실, 잘 틀리니 조심조심~]

※ 알맞은 분수를 모두 찾아 ○표 하세요.

① 진분수

$\frac{1}{5}$ $\frac{2}{5}$ $\frac{3}{5}$ $\frac{4}{5}$ $\frac{5}{5}$

② 진분수

$\frac{4}{3}$ $1\frac{1}{2}$ $\frac{4}{7}$ $\frac{10}{9}$ $\frac{5}{6}$

③ 가분수

$\frac{1}{3}$ $\frac{2}{3}$ $\frac{3}{3}$ $\frac{4}{3}$ $\frac{5}{3}$

④ 가분수

$\frac{11}{10}$ $\frac{1}{10}$ $\frac{8}{5}$ $1\frac{1}{10}$ $\frac{5}{3}$

⑤ 대분수

$1\frac{5}{7}$ $\frac{1}{3}$ $\frac{9}{9}$ $\frac{5}{12}$ $9\frac{2}{9}$

⑥ 대분수

$\frac{8}{5}$ $4\frac{2}{3}$ $\frac{6}{7}$ $1\frac{5}{9}$ $\frac{7}{2}$

대분수는 자연수와
진분수를 합한 형태야~.

⑦ 대분수

3 $\frac{7}{2}$ $1\frac{1}{4}$ $1\frac{2}{3}$ $\frac{9}{8}$

⑧ 자연수

7 $\frac{9}{8}$ 25 $3\frac{1}{4}$ $\frac{3}{3}$

생각하며 푸는 문제

사고력, 문장제로 기본 개념을 익혀 봐요~

조건을 만족하는 분수가 되도록 ■ 안에 들어갈 수 있는 수를 모두 찾아 ○표 하세요.

1. $\frac{■}{4}$는 진분수 ➡ 1 2 3 4 5

2. $\frac{■}{7}$는 진분수 ➡ 5 6 7 8 9

3. $\frac{■}{9}$는 가분수 ➡ 1 5 7 9 10

4. $1\frac{■}{11}$는 대분수 ➡ 6 8 10 11 13

조건을 만족하는 분수를 모두 구하세요.

5. 분모가 5인 진분수

____

6. 자연수 부분이 3이고, 분모가 4인 대분수

____

대분수를 가분수로, 가분수를 대분수로!

3-2 교과서 4. 분수

$1\frac{3}{4}$을 가분수로 나타내면 $\frac{13}{4}$인가요? $\frac{7}{4}$인가요?

① $1\frac{3}{4}$을 가분수로 나타내기

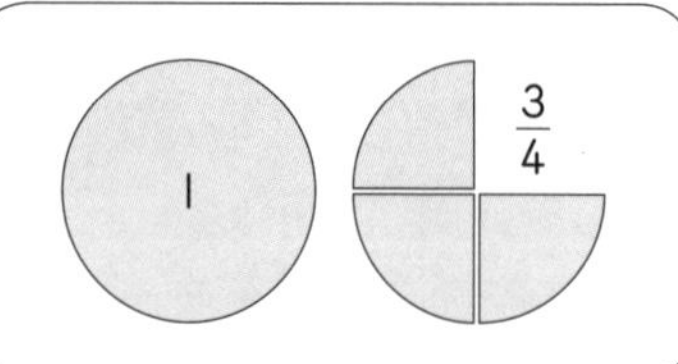

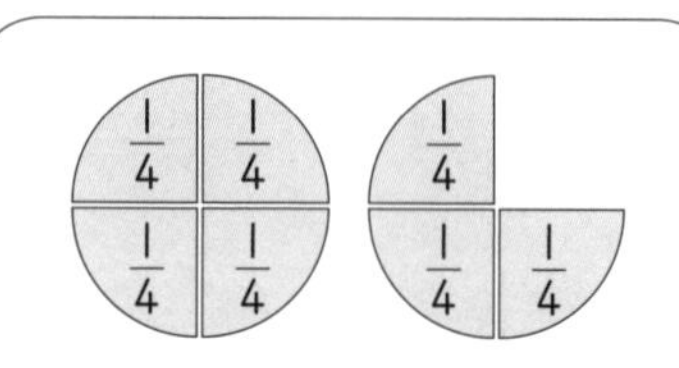

$1\frac{3}{4}$ → 1을 분모와 분자가 같은 분수로 나타내요. ($\frac{4}{4}$와 $\frac{3}{4}$) → $\frac{7}{4}$ ← $\frac{1}{4}$이 7개

② $\frac{5}{4}$를 대분수로 나타내기

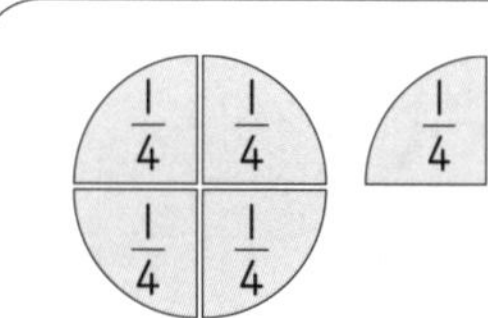

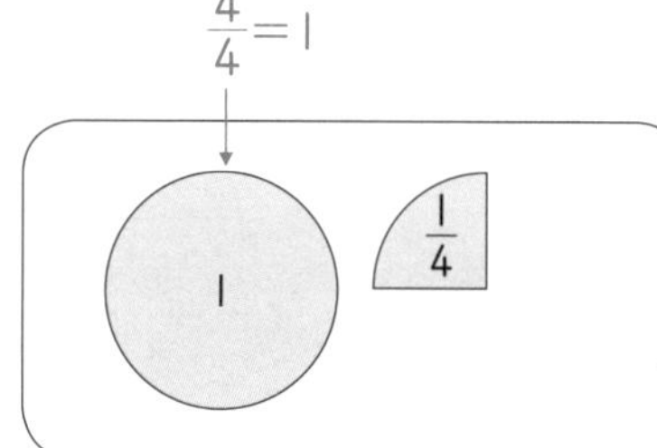

$\frac{5}{4}$ → 자연수로 바꿀 수 있는 $\frac{4}{4}$는 1로 나타내요. (1과 $\frac{1}{4}$) → $1\frac{1}{4}$

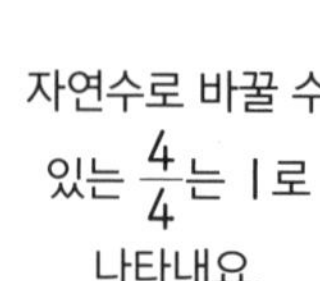

$\frac{7}{4}$이에요.

· 대분수를 가분수로 나타내기

예 $1\frac{2}{3}$ ➡ 1과 $\frac{2}{3}$ ➡ $\frac{3}{3}$과 $\frac{2}{3}$ ➡ $\frac{5}{3}$

· 가분수를 대분수로 나타내기

예 $\frac{3}{2}$ ➡ $\frac{2}{2}$와 $\frac{1}{2}$ ➡ 1과 $\frac{1}{2}$ ➡ $1\frac{1}{2}$

쏙쏙! OX 퀴즈

$1\frac{2}{3}$를 가분수로 나타내려면 먼저 1을 $\frac{3}{3}$으로 나타냅니다. (　　)

○ 정답

대분수 $2\frac{1}{3}$을 가분수로 나타내는 빠른 방법: $2\frac{1}{3} \Rightarrow 2\frac{1}{3}=\frac{2\times3+1}{3}=\frac{7}{3}$

대분수를 가분수로 나타내세요.

① $1\frac{1}{3}$ ➡ ______

② $2\frac{1}{5}$ ➡ ______

③ $3\frac{3}{4}$ ➡ ______

④ $3\frac{1}{6}$ ➡ ______

⑤ $1\frac{1}{9}$ ➡ ______

⑥ $2\frac{3}{7}$ ➡ ______

⑦ $3\frac{1}{8}$ ➡ ______

⑧ $4\frac{2}{3}$ ➡ ______

⑨ $7\frac{3}{5}$ ➡ ______

⑩ $8\frac{1}{2}$ ➡ ______

⑪ $1\frac{8}{11}$ ➡ ______

⑫ $2\frac{3}{10}$ ➡ ______

※ 가분수를 대분수로 나타내세요.

1 $\frac{3}{2}$ ➡ ______

2 $\frac{5}{3}$ ➡ ______

3 $\frac{7}{6}$ ➡ ______

4 $\frac{11}{4}$ ➡ ______

5 $\frac{19}{2}$ ➡ ______

6 $\frac{16}{5}$ ➡ ______

7 $\frac{20}{7}$ ➡ ______

8 $\frac{10}{3}$ ➡ ______

9 $\frac{13}{9}$ ➡ ______

10 $\frac{29}{10}$ ➡ ______

11 $\frac{32}{11}$ ➡ ______

12 $\frac{37}{8}$ ➡ ______

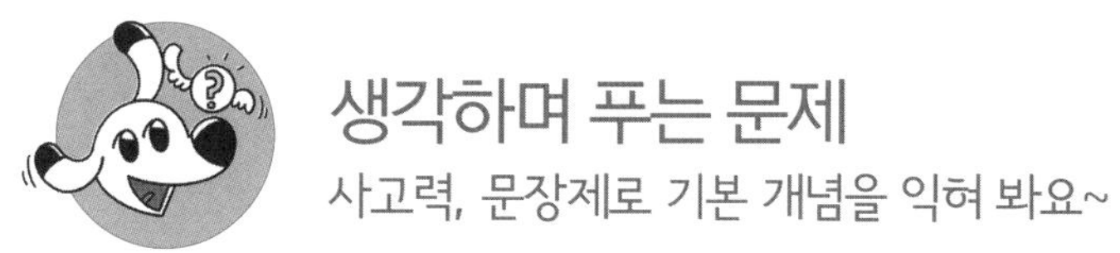

※ 수직선을 보고 □ 안에 알맞은 수를 써넣으세요.

1

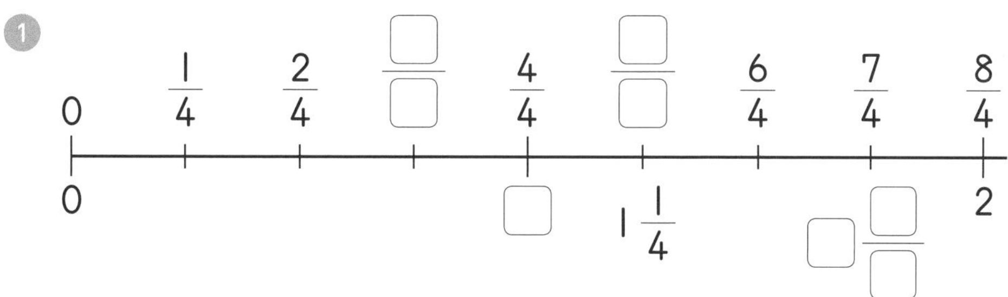

2

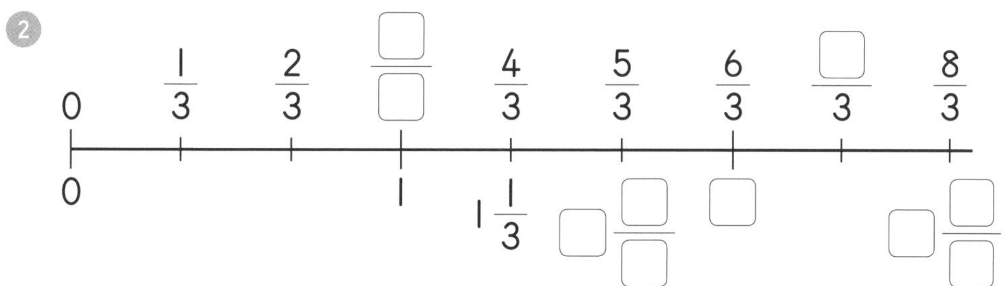

※ 물음에 답하세요.

3 수 카드 [2], [9]를 한 번씩만 사용하여 가분수를 만들고, 만든 가분수를 대분수로 나타내세요.

가분수: ______ 대분수: ______

4 수 카드 [3], [5], [7]을 한 번씩만 사용하여 자연수가 3인 대분수를 만들고, 만든 대분수를 가분수로 나타내세요.

대분수: ______ 가분수: ______

분모가 같은 분수의 크기 비교

3-1 교과서 6. 분수와 소수

3-2 교과서 4. 분수

$\frac{1}{3}$과 $\frac{2}{3}$ 중 어떤 분수가 더 큰가요?

① 분모가 같은 진분수의 크기 비교 ➡ 분자가 클수록 큰 수예요.

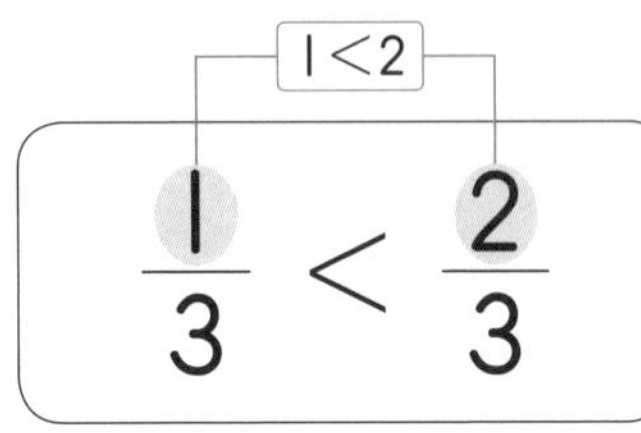

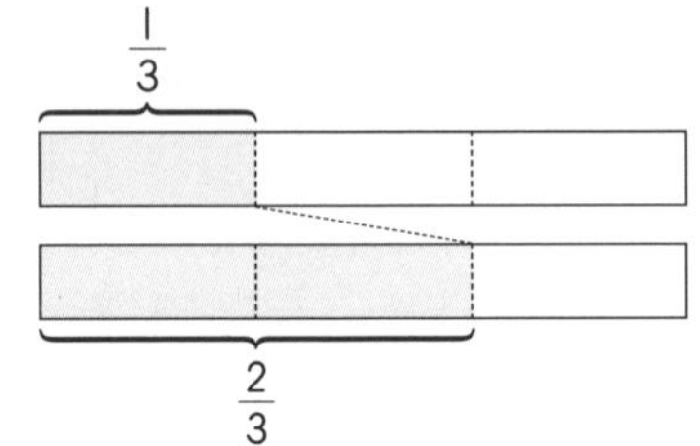

② 분모가 같은 가분수의 크기 비교 ➡ 분자가 클수록 큰 수예요.

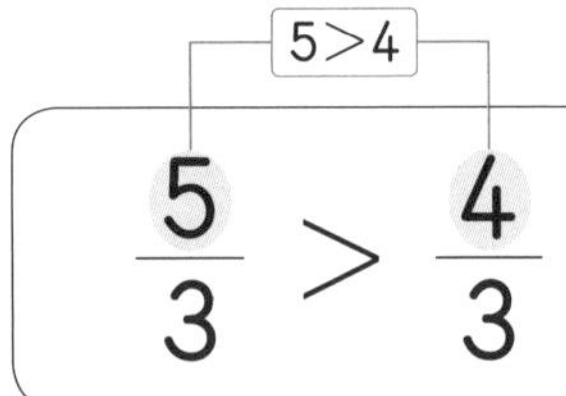

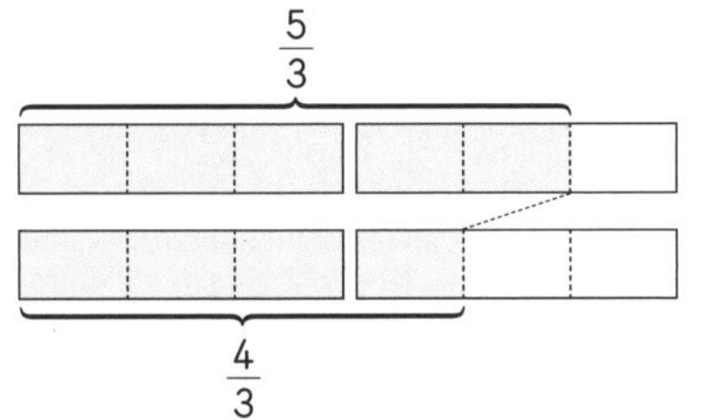

③ 분모가 같은 대분수의 크기 비교

- 자연수의 크기가 다를 경우
  ➡ 자연수가 클수록 큰 수예요.

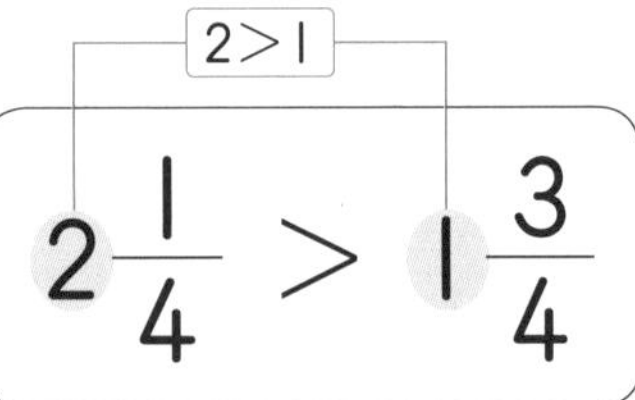

- 자연수의 크기가 같을 경우
  ➡ 분자가 클수록 큰 수예요.

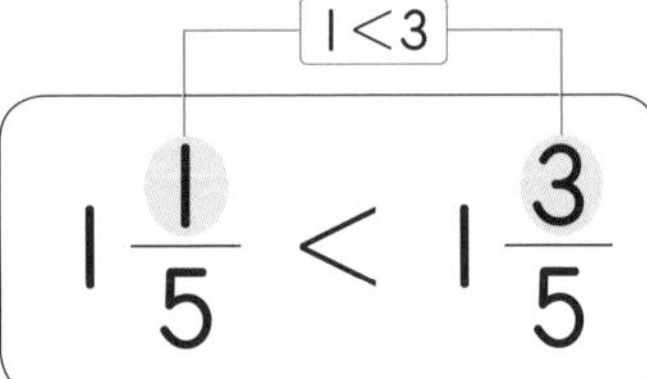

$\frac{2}{3}$가 더 커요.

- 분모가 같은 진분수 ➡ 분자가 클수록 커요.
- 분모가 같은 가분수 ➡ 분자가 클수록 커요.
- 분모가 같은 대분수 ➡ 자연수가 클수록 커요.
  자연수가 같으면 분자가 클수록 커요.

분수만큼 색칠하고 ○ 안에 > 또는 <를 알맞게 써넣으세요.

1

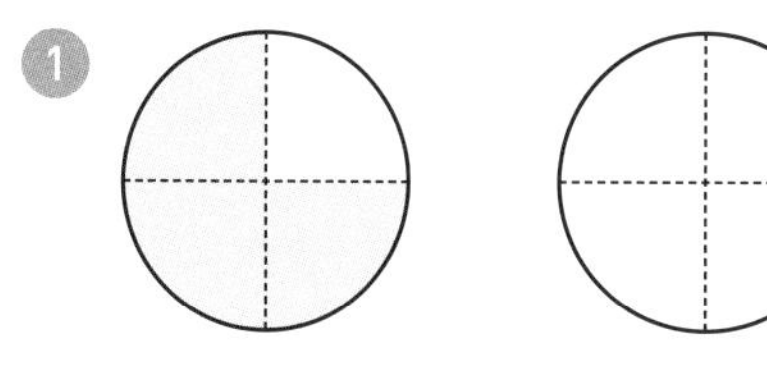

$\frac{3}{4}$ ○ $\frac{1}{4}$

2

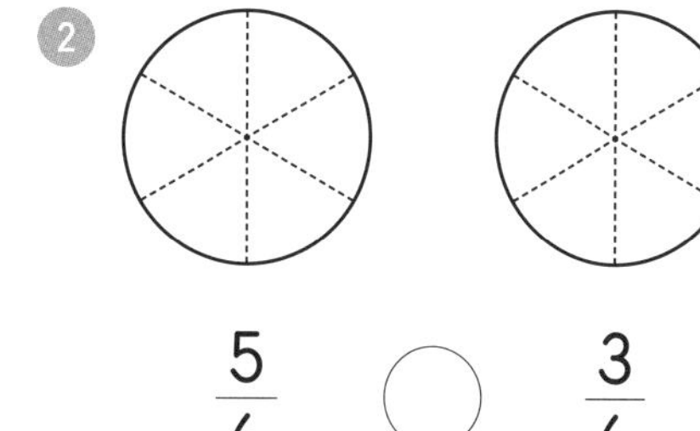

$\frac{5}{6}$ ○ $\frac{3}{6}$

3

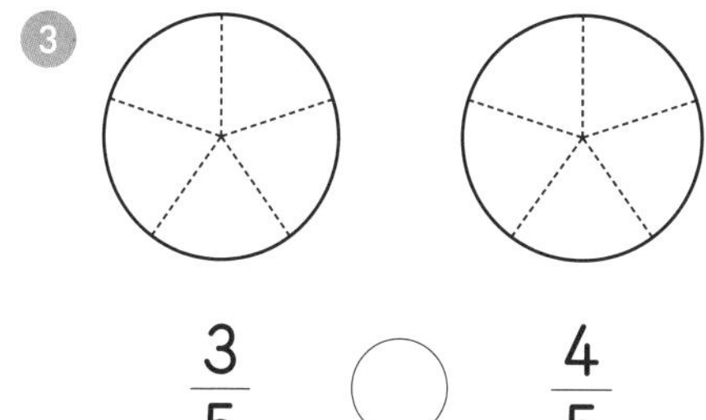

$\frac{3}{5}$ ○ $\frac{4}{5}$

4

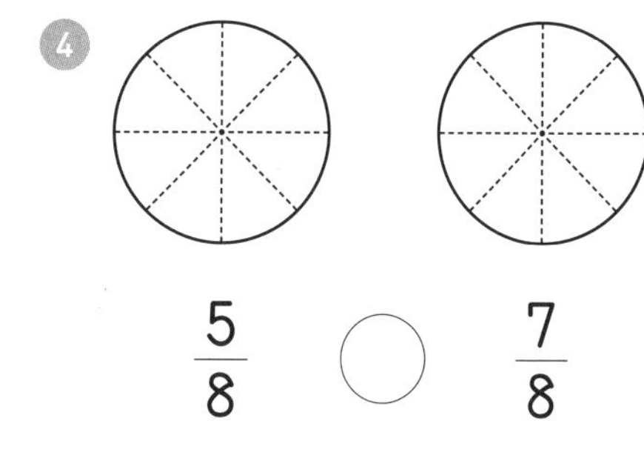

$\frac{5}{8}$ ○ $\frac{7}{8}$

5

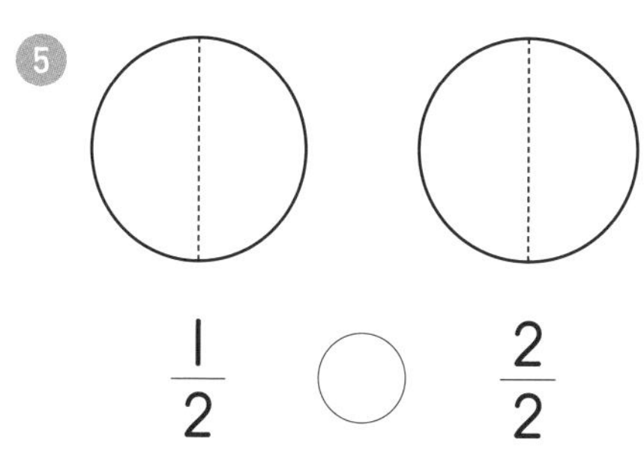

$\frac{1}{2}$ ○ $\frac{2}{2}$

6

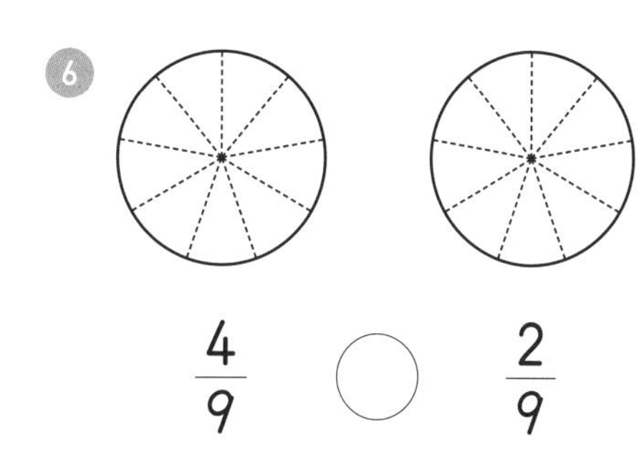

$\frac{4}{9}$ ○ $\frac{2}{9}$

7

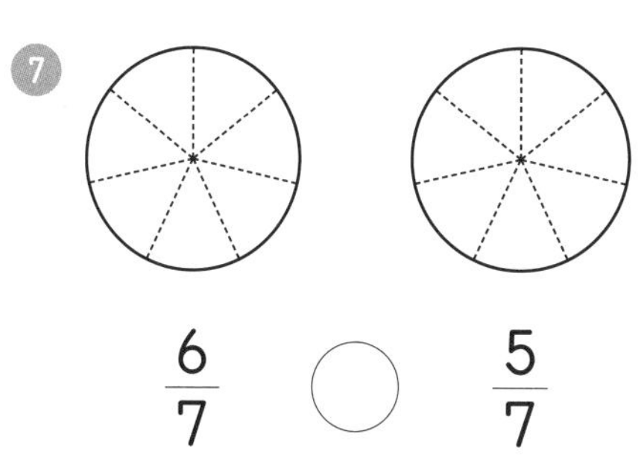

$\frac{6}{7}$ ○ $\frac{5}{7}$

8

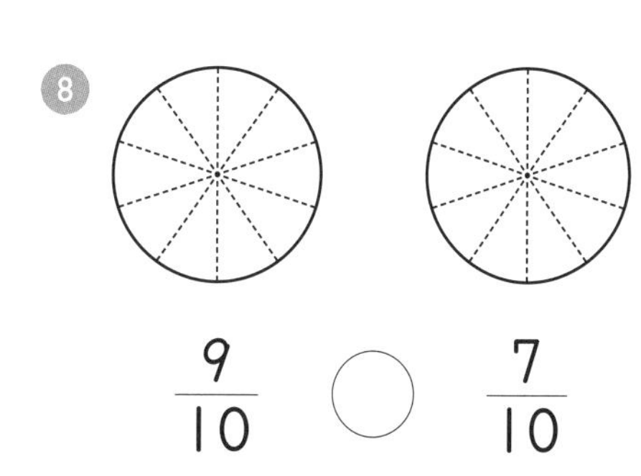

$\frac{9}{10}$ ○ $\frac{7}{10}$

[대분수의 크기 비교는 이렇게 생각해 봐요.
[1단계] 자연수의 크기가 다르면 자연수의 크기를 비교해요. ⇨ 자연수가 클수록 큰 분수
[2단계] 자연수의 크기가 같으면 분수의 크기를 비교해요. ⇨ 분자가 클수록 큰 분수]

두 분수의 크기를 비교하여 ◯ 안에 > 또는 <를 알맞게 써넣으세요.

❶ $\frac{3}{3}$ ◯ $\frac{5}{3}$

❷ $\frac{7}{4}$ ◯ $\frac{5}{4}$

❸ $\frac{9}{5}$ ◯ $\frac{8}{5}$

❹ $\frac{10}{7}$ ◯ $\frac{13}{7}$

❺ $\frac{21}{11}$ ◯ $\frac{12}{11}$

❻ $\frac{23}{20}$ ◯ $\frac{33}{20}$

❼ $1\frac{2}{3}$ ◯ $2\frac{1}{3}$

❽ $3\frac{4}{5}$ ◯ $5\frac{1}{5}$

❾ $7\frac{1}{6}$ ◯ $4\frac{5}{6}$

❿ $4\frac{1}{7}$ ◯ $4\frac{5}{7}$

⓫ $6\frac{1}{8}$ ◯ $6\frac{3}{8}$

⓬ $9\frac{4}{10}$ ◯ $8\frac{9}{10}$

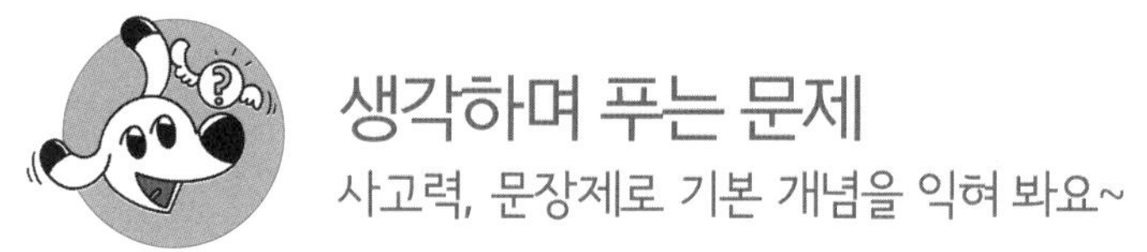

생각하며 푸는 문제

사고력, 문장제로 기본 개념을 익혀 봐요~

□ 안에 들어갈 수 있는 수를 모두 찾아 ○표 하세요.

❶ $\dfrac{\square}{5} < \dfrac{4}{5}$ ➡ 1 2 3 4 5

❷ $\dfrac{\square}{7} > \dfrac{6}{7}$ ➡ 4 5 6 7 8

❸ $\dfrac{10}{9} > \dfrac{\square}{9}$ ➡ 7 9 11 12 13

❹ $1\dfrac{5}{11} < 1\dfrac{\square}{11}$ ➡ 2 4 6 8 10

물음에 답하세요.

❺ 빠독이네 집에서 장난감 가게까지의 거리는 $1\dfrac{7}{10}$ km이고, 도넛 가게까지의 거리는 $2\dfrac{3}{10}$ km입니다. 빠독이네 집에서 가까운 가게는 어디일까요?

____

❻ 상자에 구슬이 가득 들어 있습니다. 쁘냥이는 구슬 전체의 $\dfrac{9}{20}$를 가지고 있고, 빠독이는 구슬 전체의 $\dfrac{11}{20}$을 가지고 있습니다. 구슬을 누가 더 많이 가지고 있을까요?

____

11 가분수와 대분수의 크기 비교

$\frac{5}{3}$와 $1\frac{1}{3}$ 중 어떤 분수가 더 큰가요?

$\frac{5}{3}$와 $1\frac{1}{3}$의 크기는 분수의 종류를 하나로 바꾸어 비교해요.

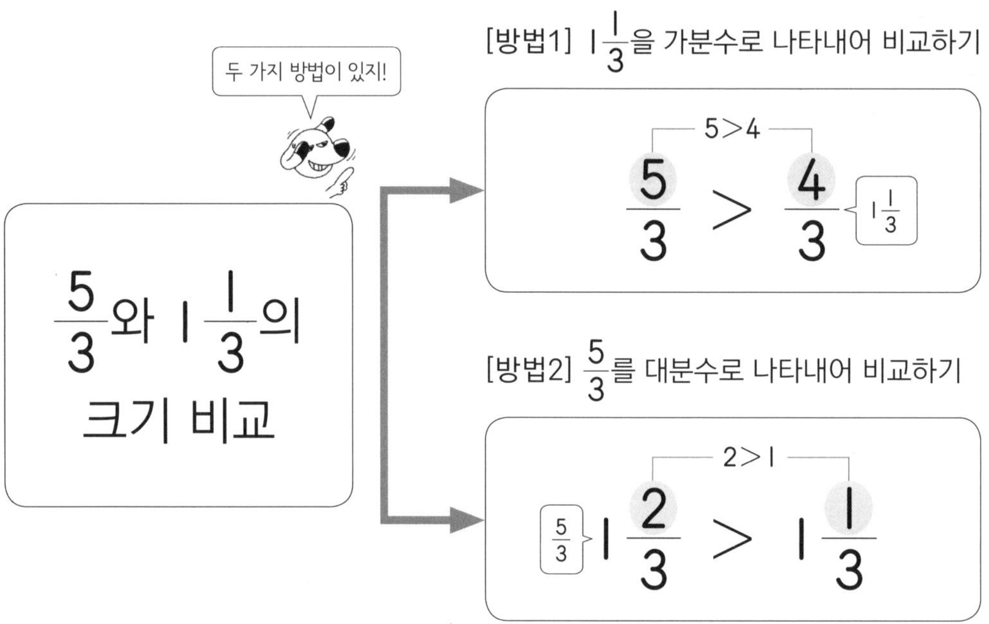

$\frac{5}{3}$가 더 큰 수예요.

· $\frac{5}{3}$와 $1\frac{1}{3}$의 크기 비교 방법

[방법1] 대분수를 가분수로 나타내어 비교하기

$1\frac{1}{3}=\frac{4}{3}$이므로 $\frac{5}{3}>\frac{4}{3}$ ➡ $\frac{5}{3}>1\frac{1}{3}$

[방법2] 가분수를 대분수로 나타내어 비교하기

$\frac{5}{3}=1\frac{2}{3}$이므로 $1\frac{2}{3}>1\frac{1}{3}$ ➡ $\frac{5}{3}>1\frac{1}{3}$

쏙쏙! OX 퀴즈

1. $\frac{11}{6}$과 $1\frac{1}{6}$ 중 더 큰 수는 $1\frac{1}{6}$입니다. (　　)
2. $1\frac{3}{4} > \frac{5}{4}$입니다. (　　)

정답 1.× 2.○

가분수와 대분수 중 어떤 분수로 바꾸어 비교해도 결과는 같아요.

두 분수의 크기를 비교하여 ○ 안에 >, =, <를 알맞게 써넣으세요.

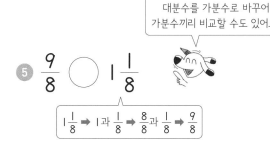

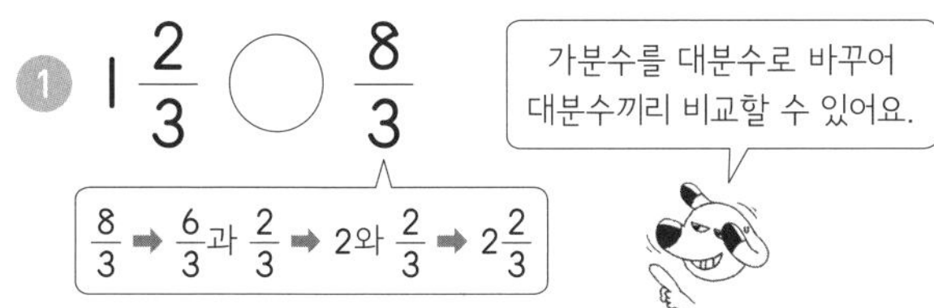

① $1\frac{2}{3}$ ○ $\frac{8}{3}$

$\frac{8}{3}$ ➡ $\frac{6}{3}$과 $\frac{2}{3}$ ➡ 2와 $\frac{2}{3}$ ➡ $2\frac{2}{3}$

② $1\frac{3}{6}$ ○ $\frac{7}{6}$

③ $1\frac{4}{5}$ ○ $\frac{8}{5}$

④ $1\frac{5}{7}$ ○ $\frac{13}{7}$

대분수를 가분수로 바꾸어 가분수끼리 비교할 수도 있어요.

⑤ $\frac{9}{8}$ ○ $1\frac{1}{8}$

$1\frac{1}{8}$ ➡ 1과 $\frac{1}{8}$ ➡ $\frac{8}{8}$과 $\frac{1}{8}$ ➡ $\frac{9}{8}$

⑥ $\frac{16}{9}$ ○ $1\frac{8}{9}$

⑦ $\frac{21}{10}$ ○ $1\frac{9}{10}$

⑧ $\frac{17}{11}$ ○ $1\frac{6}{11}$

⑨ $\frac{23}{12}$ ○ $2\frac{1}{12}$

⑩ $2\frac{3}{7}$ ○ $\frac{20}{7}$

⑪ $3\frac{2}{13}$ ○ $\frac{40}{13}$

⑫ $\frac{25}{14}$ ○ $1\frac{9}{14}$

두 분수의 크기를 비교하여 ○ 안에 >, =, <를 알맞게 써넣으세요.

① $1\frac{1}{2}$ ○ $\frac{5}{2}$

② $1\frac{3}{5}$ ○ $\frac{11}{5}$

③ $1\frac{3}{7}$ ○ $\frac{11}{7}$

④ $\frac{33}{4}$ ○ $7\frac{3}{4}$

⑤ $\frac{43}{10}$ ○ $4\frac{3}{10}$

⑥ $\frac{32}{11}$ ○ $2\frac{9}{11}$

⑦ $4\frac{3}{8}$ ○ $\frac{37}{8}$

⑧ $2\frac{5}{6}$ ○ $\frac{17}{6}$

⑨ $\frac{17}{9}$ ○ $2\frac{1}{9}$

⑩ $1\frac{12}{13}$ ○ $\frac{25}{13}$

⑪ $2\frac{6}{17}$ ○ $\frac{41}{17}$

⑫ $\frac{32}{7}$ ○ $4\frac{3}{7}$

생각하며 푸는 문제

사고력, 문장제로 기본 개념을 익혀 봐요~

먼저 세 분수의 종류를 확인해 보세요. 가분수와 대분수 중 더 많은 분수의 종류로 통일한 다음 비교하면 쉬워요.

큰 분수부터 차례로 쓰세요.

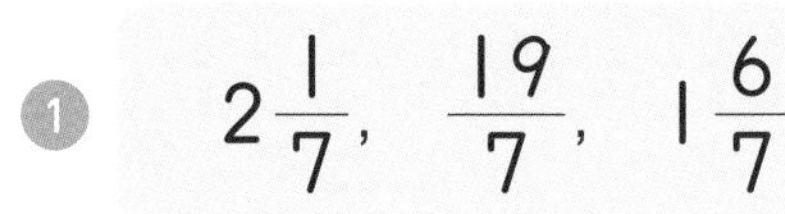

1. $2\frac{1}{7}$, $\frac{19}{7}$, $1\frac{6}{7}$ ➡ ☐ > ☐ > ☐

2. $3\frac{9}{10}$, $\frac{41}{10}$, $\frac{29}{10}$ ➡ ☐ > ☐ > ☐

3. $\frac{23}{11}$, $1\frac{7}{11}$, $1\frac{10}{11}$ ➡ ☐ > ☐ > ☐

물음에 답하세요.

4. 걷기 대회에서 빠독이는 $\frac{7}{3}$ km를 걸었고, 쁘냥이는 $2\frac{2}{3}$ km를 걸었습니다. 누가 더 많이 걸었을까요?

____

5. 빠독이의 책가방의 무게는 $3\frac{4}{5}$ kg이고, 쁘냥이의 책가방의 무게는 $\frac{17}{5}$ kg입니다. 누구의 책가방이 더 무거울까요?

____

단위분수의 크기 비교

$\frac{1}{3}$과 $\frac{1}{4}$ 중 어떤 분수가 더 큰가요?

전체를 똑같이 2로, 3으로, 4로, 5로 나눈 것 중의 한 칸을 색칠했어요.

전체	1				
똑같이 2로 나누기	$\frac{1}{2}$	$\frac{1}{2}$			
똑같이 3으로 나누기	$\frac{1}{3}$	$\frac{1}{3}$	$\frac{1}{3}$		
똑같이 4로 나누기	$\frac{1}{4}$	$\frac{1}{4}$	$\frac{1}{4}$	$\frac{1}{4}$	
똑같이 5로 나누기	$\frac{1}{5}$	$\frac{1}{5}$	$\frac{1}{5}$	$\frac{1}{5}$	$\frac{1}{5}$

색칠한 부분의 크기가 가장 커요.

색칠한 부분의 크기가 가장 작아요.

분수 중에서 $\frac{1}{2}$, $\frac{1}{3}$, $\frac{1}{4}$ ……과 같이 분자가 1인 분수를 단위분수라고 해요.

나누어진 수가 클수록 색칠한 부분의 크기가 작아져요.

$$1 > \frac{1}{2} > \frac{1}{3} > \frac{1}{4} > \frac{1}{5}$$

$\frac{1}{3}$이 더 큰 수예요.

· 단위분수는 분모가 작을수록 더 큰 수예요.

$\frac{1}{2} > \frac{1}{3}$ (2<3)　　$\frac{1}{5} < \frac{1}{4}$ (5>4)

쏙쏙! OX 퀴즈

1. 단위분수는 분모가 클수록 더 작은 수입니다. (　　)
2. $\frac{1}{3}$은 $\frac{1}{2}$보다 더 큰 수입니다. (　　)

정답 1. ○ 2. ×

※ 분수만큼 색칠하고 ○ 안에 > 또는 <를 알맞게 써넣으세요.

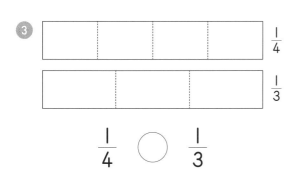

1

$\frac{1}{2}$ ○ $\frac{1}{4}$

2

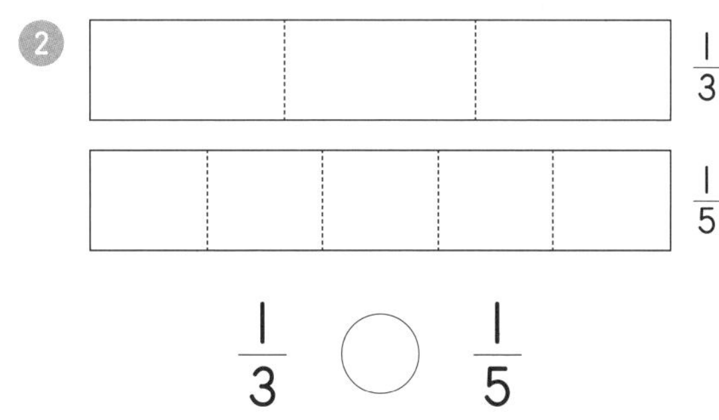

$\frac{1}{3}$ ○ $\frac{1}{5}$

3

$\frac{1}{4}$

$\frac{1}{3}$

$\frac{1}{4}$ ○ $\frac{1}{3}$

4

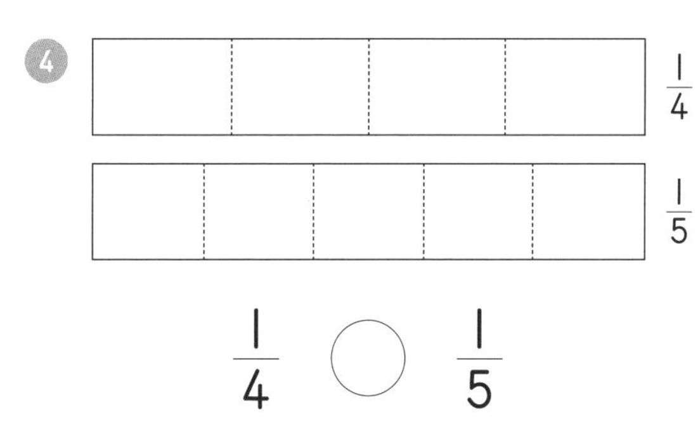

$\frac{1}{4}$ ○ $\frac{1}{5}$

5

$\frac{1}{6}$

$\frac{1}{3}$

$\frac{1}{6}$ ○ $\frac{1}{3}$

6

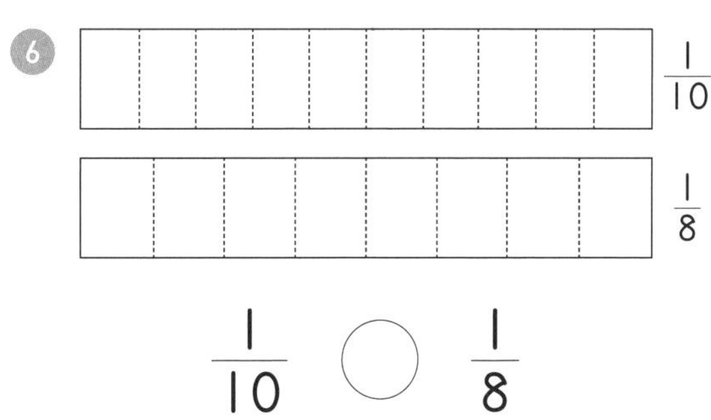

$\frac{1}{10}$ ○ $\frac{1}{8}$

[$\frac{1}{8}$, $\frac{1}{9}$, $\frac{1}{10}$, $\frac{1}{11}$, $\frac{1}{12}$ ……과 같은 분수의 공통점은
분자가 1인 '단위분수'라는 거예요.]

※ 두 분수의 크기를 비교하여 ◯ 안에 > 또는 <를 알맞게 써넣으세요.

① $\frac{1}{2}$ ◯ $\frac{1}{3}$

② $\frac{1}{6}$ ◯ $\frac{1}{4}$

③ $\frac{1}{8}$ ◯ $\frac{1}{10}$

④ $\frac{1}{12}$ ◯ $\frac{1}{15}$

⑤ $\frac{1}{5}$ ◯ $\frac{1}{7}$

⑥ $\frac{1}{8}$ ◯ $\frac{1}{7}$

⑦ $\frac{1}{13}$ ◯ $\frac{1}{11}$

⑧ $\frac{1}{10}$ ◯ $\frac{1}{20}$

⑨ $\frac{1}{9}$ ◯ $\frac{1}{6}$

⑩ $\frac{1}{13}$ ◯ $\frac{1}{12}$

⑪ $\frac{1}{17}$ ◯ $\frac{1}{14}$

⑫ $\frac{1}{10}$ ◯ $\frac{1}{11}$

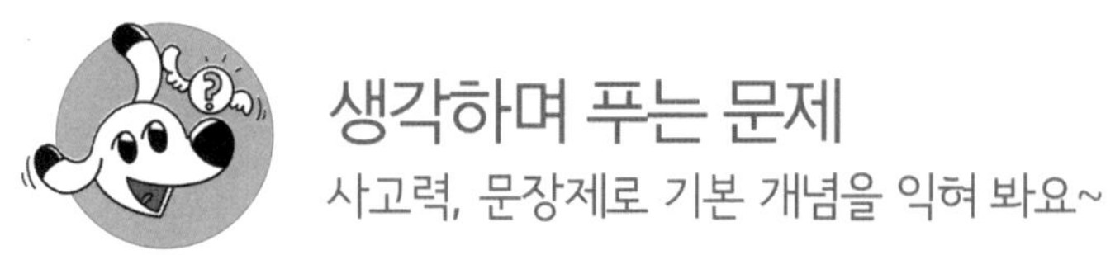

분수 막대를 보고 ▢ 안에 알맞은 분수를 써넣고, ◯ 안에 > 또는 <를 알맞게 써넣으세요.

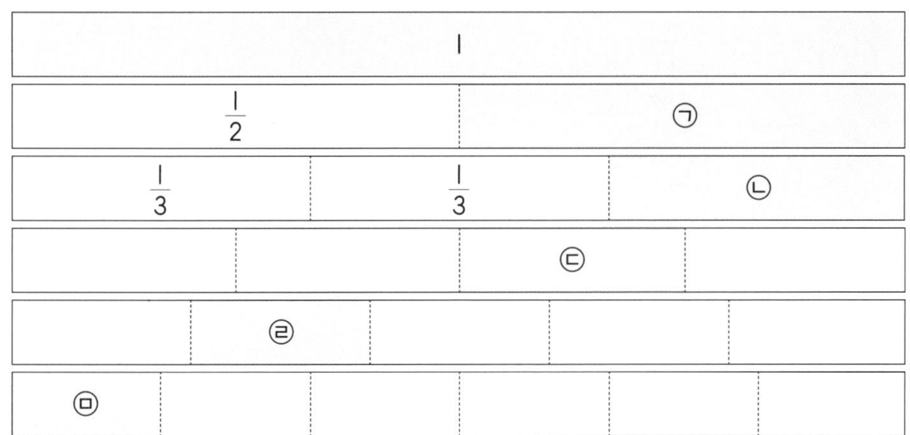

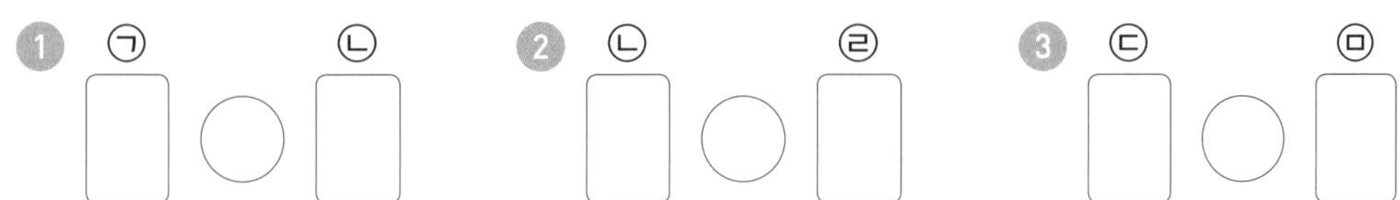

물음에 답하세요.

4 학교에서 빠독이의 집까지의 거리는 $\frac{1}{3}$ km이고, 쁘냥이의 집까지의 거리는 $\frac{1}{5}$ km입니다. 학교에서 누구의 집이 더 멀까요?

5 빠독이와 쁘냥이가 똑같은 음료수를 한 병씩 사서 빠독이는 전체의 $\frac{1}{9}$을, 쁘냥이는 전체의 $\frac{1}{7}$을 마셨습니다. 누가 음료수를 더 많이 마셨을까요?

지도 속 분수는 어떤 의미일까요?

지도 속에서도 분수를 찾을 수 있어요. 지도를 그릴 때에는 커다란 땅을 실제 크기로 그릴 수 없으므로 일정한 비율로 줄여서 그려야 해요. 얼마만큼 줄였는지 알려주는 것이 바로 축척이에요. $\frac{1}{2500}$, $\frac{1}{5000}$과 같은 분수나 1:2500, 1:5000과 같은 비로 나타내요.

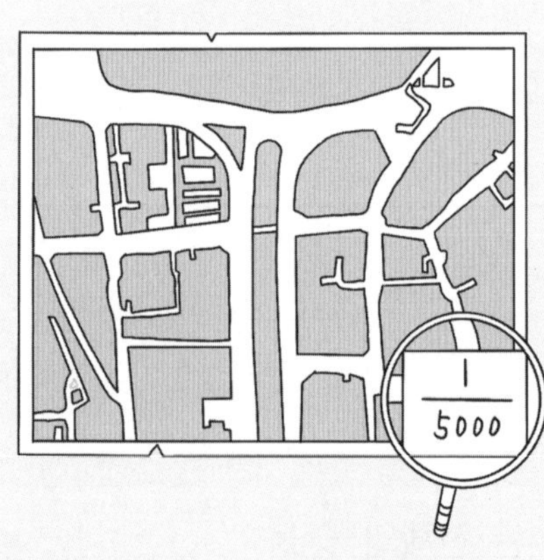

축척이 $\frac{1}{5000}$인 지도의 1 cm는 실제 거리가 5,000 cm(미터로 바꾸면 50 m)예요.

또 지도마다 축척이 각각 달라요. 그래서 축척이 $\frac{1}{2500}$인 지도와 $\frac{1}{5000}$인 지도는 지도상 거리가 똑같은 1 cm라 하더라도 실제 거리가 25 m, 50 m로 달라요.

셋째 마당 분모가 같은 분수의 덧셈

13 $\frac{3}{5}+\frac{1}{5}=\frac{4}{10}$가 맞나요?

14 계산 결과가 가분수이면 가분수로 나타내나요?

15 $1\frac{2}{4}+2\frac{1}{4}=3\frac{3}{8}$이 맞나요?

16 $1\frac{1}{4}+1\frac{2}{4}$를 가분수로 바꾸어 계산할 수도 있나요?

17 $1\frac{2}{3}+1\frac{2}{3}=2\frac{4}{3}$가 맞나요?

18 $2\frac{4}{5}+\frac{3}{5}=2\frac{7}{5}$인가요? $3\frac{2}{5}$인가요?

19 $1\frac{2}{4}+\frac{5}{4}=1\frac{7}{4}$이 맞나요?

(진분수)+(진분수)

$\frac{3}{5}+\frac{1}{5}=\frac{4}{10}$가 맞나요?

빠독이는 카스텔라 전체의 $\frac{3}{5}$을, 쁘냥이는 카스텔라 전체의 $\frac{1}{5}$을 맛있게 먹었어요.

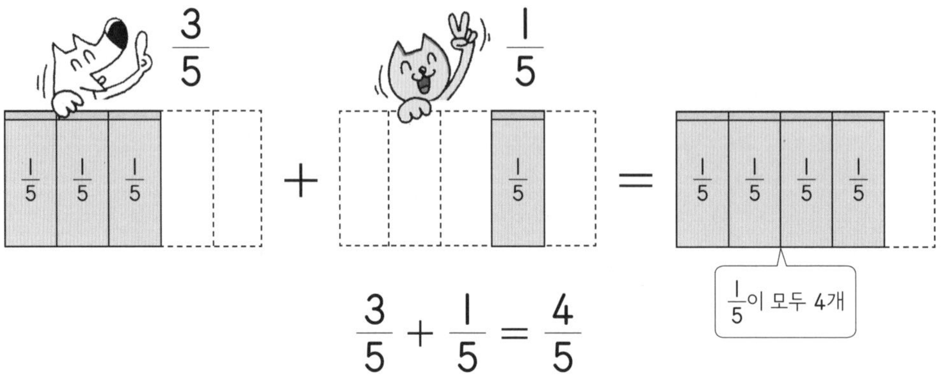

$$\frac{3}{5}+\frac{1}{5}=\frac{4}{5}$$

$\frac{3}{5}$은 $\frac{1}{5}$이 3개이고, $\frac{1}{5}$은 $\frac{1}{5}$이 1개이므로 $\frac{3}{5}+\frac{1}{5}$은 $\frac{1}{5}$이 $3+1=4$(개)예요.

빠독이와 쁘냥이가 맛있게 먹은 카스텔라는 전체의 $\frac{4}{5}$예요.

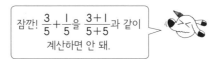

잠깐! $\frac{3}{5}+\frac{1}{5}$을 $\frac{3+1}{5+5}$과 같이 계산하면 안 돼.

아니에요.

$\frac{4}{5}$가 맞아요.

- 진분수의 덧셈은 $\frac{1}{■}$이 몇 개인지 구하는 것과 같아요.
- 분모는 그대로 두고 분자끼리만 더해요.

$\frac{3}{5}+\frac{1}{5}=\frac{3+1}{5}=\frac{4}{5}$ ← 분자끼리 더하면 $3+1=4$ ← 분모는 그대로 5

쏙쏙! OX 퀴즈

1. (진분수)+(진분수)는 분모는 그대로 두고 분자끼리 더합니다. (　　　)
2. $\frac{1}{5}+\frac{1}{5}=\frac{1+1}{5+5}=\frac{2}{10}$입니다. (　　　)

정답 1. ○ 2. ×

단위분수는 $\frac{1}{5}$처럼 분자가 1인 분수로, 분모가 같은 분수를 세는 기준이 돼요.
즉, $\frac{4}{5}$는 $\frac{1}{5}$이 4개라는 의미예요.

그림을 보고 분수의 덧셈을 하세요.

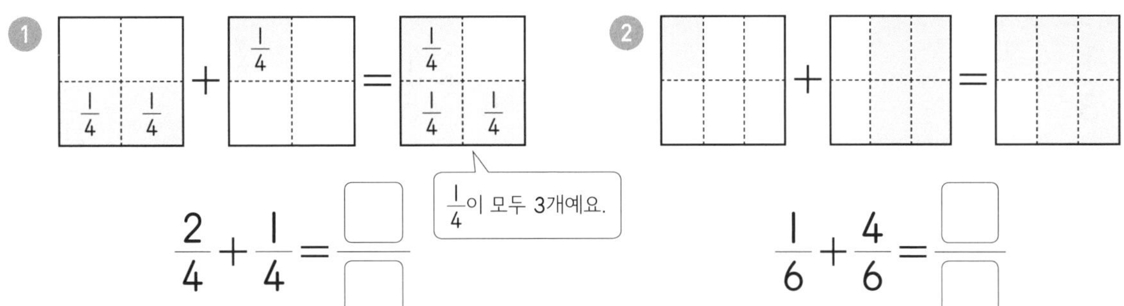

1 $\frac{2}{4}+\frac{1}{4}=\frac{\square}{\square}$

2 $\frac{1}{6}+\frac{4}{6}=\frac{\square}{\square}$

3 $\frac{1}{8}+\frac{6}{8}=\frac{\square}{\square}$

4 $\frac{1}{9}+\frac{7}{9}=\frac{\square}{\square}$

5 $\frac{\square}{\square}+\frac{\square}{\square}=\frac{\square}{\square}$

6 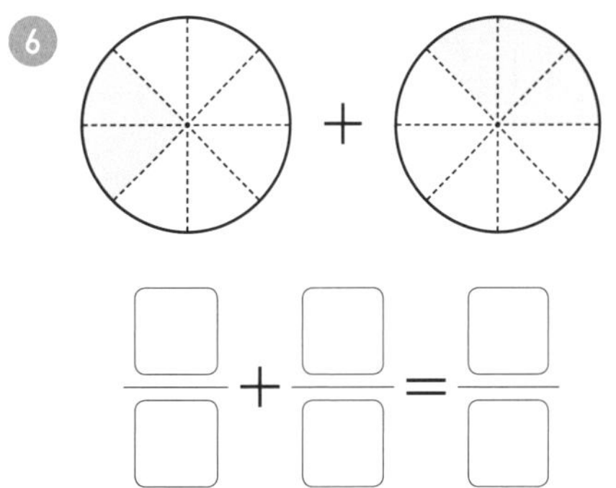

$\frac{\square}{\square}+\frac{\square}{\square}=\frac{\square}{\square}$

분모가 같은 진분수의 덧셈을 할 때 분모끼리 더하는 실수를 하지 않도록 조심해요.
분모는 그대로 두고 분자끼리만 더해야 해요.

⇨ $\frac{1}{3}+\frac{1}{3}=\frac{2}{6}$ (×) $\frac{1}{3}+\frac{1}{3}=\frac{2}{3}$ (○)

13

분수의 덧셈을 하세요.

분자끼리 더해요.

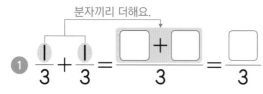

① $\frac{1}{3}+\frac{1}{3}=\frac{\square+\square}{3}=\frac{\square}{3}$

② $\frac{1}{5}+\frac{1}{5}=$

③ $\frac{2}{4}+\frac{1}{4}=$

④ $\frac{2}{6}+\frac{3}{6}=$

⑤ $\frac{3}{7}+\frac{2}{7}=$

⑥ $\frac{1}{5}+\frac{3}{5}=$

⑦ $\frac{3}{8}+\frac{4}{8}=$

⑧ $\frac{5}{9}+\frac{3}{9}=$

⑨ $\frac{3}{11}+\frac{7}{11}=$

⑩ $\frac{11}{15}+\frac{2}{15}=$

⑪ $\frac{4}{13}+\frac{7}{13}=$

⑫ $\frac{4}{17}+\frac{11}{17}=$

생각하며 푸는 문제

사고력, 문장제로 기본 개념을 익혀 봐요~

 수직선을 보고 ▢ 안에 알맞은 수를 써넣으세요.

1

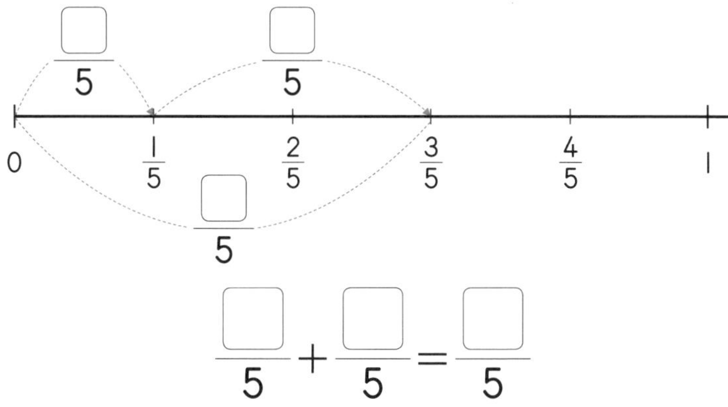

$$\frac{\square}{5} + \frac{\square}{5} = \frac{\square}{5}$$

2

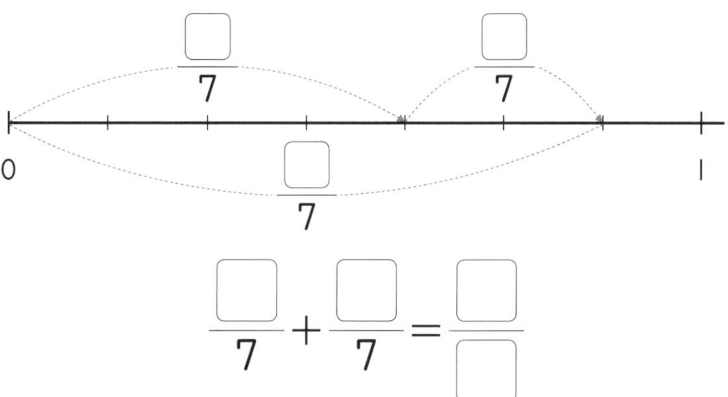

$$\frac{\square}{7} + \frac{\square}{7} = \frac{\square}{\square}$$

물음에 답하세요.

3 $\frac{3}{8}$보다 $\frac{2}{8}$만큼 큰 수는 얼마일까요?

4 빠독이는 오늘 오전에는 $\frac{3}{5}$ L의 물을 마시고, 오후에는 $\frac{1}{5}$ L의 물을 더 마셨습니다. 빠독이가 오늘 마신 물의 양은 모두 몇 L일까요?

오전에 마신 물의 양

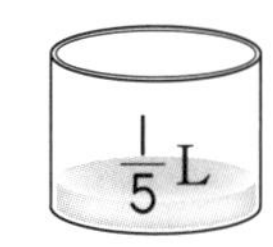

오후에 마신 물의 양

답을 쓸 때 단위 쓰는 것을 잊지 마세요.

계산 결과가 가분수이면 가분수로 나타내나요?

$\frac{4}{5}+\frac{3}{5}=\frac{7}{5}$이죠? 계산 결과가 $\frac{7}{5}$과 같은 가분수는 어떻게 할까요?

$1\frac{2}{5}$와 같은 대분수로 바꾸어 나타내면 돼요.

자연수 부분
분수 부분
$\frac{4}{5}$
$+\ \frac{3}{5}$
$\frac{7}{5}$
$1\frac{2}{5}$
계산 결과가 가분수일 때 대분수로 바꾸어 나타내면 분수의 크기를 파악하기 쉬워!

해결

가분수를 대분수로 바꾸어 나타내요.

- 분수의 덧셈 결과가 가분수이면 대분수로 나타내요.
- 분모는 그대로 두고 분자끼리만 더해요.

분자끼리 더해요.

$$\frac{4}{5}+\frac{3}{5}=\frac{4+3}{5}=\frac{7}{5}=1\frac{2}{5}$$

가분수를 대분수로

계산 결과, 분모와 분자가 같으면 1로 바꾸어요. ⇨ $\frac{1}{3}+\frac{2}{3}=\frac{3}{3}=1$ (1로)

가분수이면 대분수로 바꾸어요. ⇨ $\frac{2}{3}+\frac{2}{3}=\frac{4}{3}=1\frac{1}{3}$ (대분수로)

14

※ 그림을 보고 분수의 덧셈을 하세요.

1. $\frac{1}{3}+\frac{2}{3}=\frac{\square+\square}{3}$

$=\frac{\square}{3}=\square$

2. $\frac{4}{6}+\frac{3}{6}=\frac{\square+\square}{6}$

$=\frac{\square}{6}=\square\frac{\square}{\square}$

3. $\frac{2}{4}+\frac{2}{4}=\frac{\square}{4}=\square$

4. $\frac{5}{9}+\frac{6}{9}=\frac{\square}{9}=\square\frac{\square}{\square}$

5. $\frac{2}{5}+\frac{4}{5}=\square\frac{\square}{\square}$

6. $\frac{3}{8}+\frac{7}{8}=\square\frac{\square}{\square}$

학교 시험에서는 계산 결과를 대분수로 나타내지 않아도 정답으로 인정하기도 해요. 하지만 대분수로 나타내는 습관을 들이는 게 좋아요.

분수의 덧셈을 하세요.

① $\frac{3}{4}+\frac{1}{4}=\frac{\square+\square}{4}=\frac{\square}{4}=\square$

② $\frac{2}{3}+\frac{2}{3}=\frac{\square}{3}=\square\frac{\square}{\square}$

계산 결과는 대분수로 나타내어 봐요.

③ $\frac{3}{5}+\frac{4}{5}=$

④ $\frac{6}{9}+\frac{7}{9}=$

⑤ $\frac{6}{7}+\frac{5}{7}=$

⑥ $\frac{7}{10}+\frac{6}{10}=$

⑦ $\frac{5}{9}+\frac{4}{9}=$

⑧ $\frac{10}{11}+\frac{1}{11}=$

⑨ $\frac{8}{13}+\frac{12}{13}=$

⑩ $\frac{9}{12}+\frac{4}{12}=$

⑪ $\frac{6}{15}+\frac{11}{15}=$

⑫ $\frac{15}{17}+\frac{15}{17}=$

생각하며 푸는 문제

사고력, 문장제로 기본 개념을 익혀 봐요~

※ 수직선을 보고 □ 안에 알맞은 수를 써넣으세요.

1

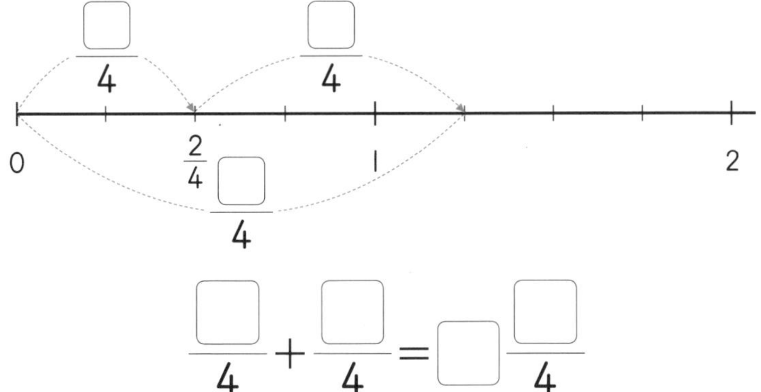

$$\frac{\square}{4}+\frac{\square}{4}=\square\frac{\square}{4}$$

2

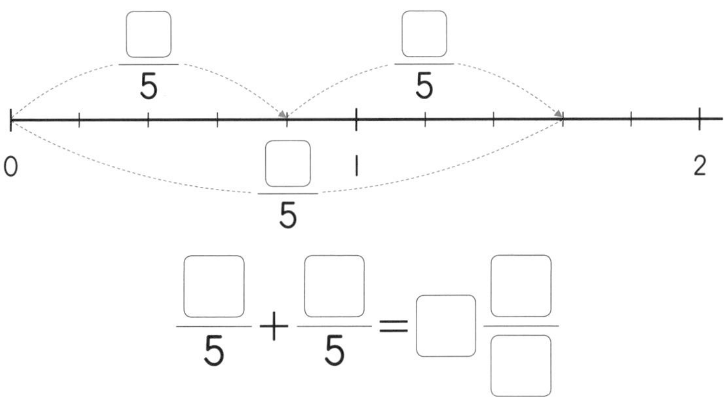

$$\frac{\square}{5}+\frac{\square}{5}=\square\frac{\square}{\square}$$

※ 다음을 읽고 대분수로 답하세요.

3 $\frac{1}{6}$이 3개인 수와 $\frac{1}{6}$이 4개인 수의 합은 얼마일까요?

____

4 상자를 묶는 데 빠독이는 끈을 $\frac{2}{5}$ m 사용했고, 쁘냥이는 $\frac{4}{5}$ m 사용했습니다. 빠독이와 쁘냥이가 사용한 끈의 길이는 모두 몇 m일까요?

____

자연수끼리, 분수끼리 계산하는 (대분수)+(대분수)

$1\frac{2}{4}+2\frac{1}{4}=3\frac{3}{8}$이 맞나요?

대분수는 (자연수)+(진분수)이므로 $1\frac{2}{4}=1+\frac{2}{4}$이고 $2\frac{1}{4}=2+\frac{1}{4}$이에요.

$1\frac{2}{4}+2\frac{1}{4}$은 자연수는 자연수끼리, 분수는 분수끼리 더하면 돼요.

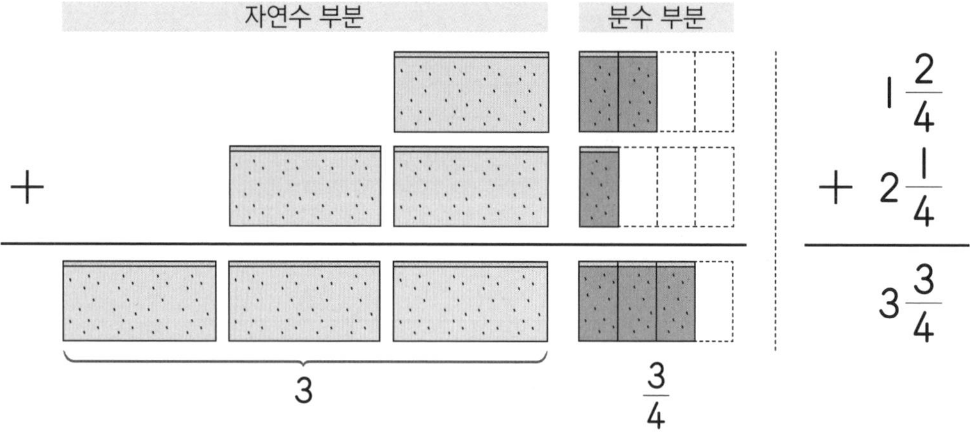

아니에요. $3\frac{3}{4}$이 맞아요.

- 분모가 같은 대분수의 덧셈은 자연수는 자연수끼리, 분수는 분수끼리 더해요.
- 계산 결과는 자연수와 진분수의 합인 대분수로 나타내요.

$$1\frac{2}{4}+2\frac{1}{4}=\underbrace{(1+2)}_{\text{자연수끼리}}+\underbrace{\left(\frac{2}{4}+\frac{1}{4}\right)}_{\text{분수끼리}}=3\frac{3}{4}$$

계산 결과는 대분수로

쏙쏙! OX 퀴즈

1. 대분수 $1\frac{2}{5}$는 $1+\frac{2}{5}$로 나타낼 수 있습니다. (　　)
2. 분모가 같은 대분수의 덧셈은 자연수끼리, 분수끼리 더합니다. (　　)

정답 1. ○ 2. ○

자연수는 자연수끼리, 분수는 분수끼리 계산하세요.

자연수끼리 분수끼리

❶ $2\frac{1}{3}+1\frac{1}{3}=(2+1)+\left(\frac{1}{3}+\frac{1}{3}\right)$

$=\square+\frac{\square}{3}$

$=\square\frac{\square}{3}$

❷ $1\frac{2}{5}+2\frac{1}{5}=$

❸ $1\frac{3}{6}+1\frac{2}{6}=$

❹ $3\frac{5}{7}+1\frac{1}{7}=$

❺ $1\frac{2}{9}+1\frac{3}{9}=$

❻ $1\frac{7}{10}+5\frac{2}{10}=$

❼ $2\frac{1}{11}+1\frac{4}{11}=$

❽ $3\frac{3}{12}+1\frac{4}{12}=$

❾ $1\frac{7}{13}+3\frac{5}{13}=$

❿ $2\frac{4}{16}+1\frac{9}{16}=$

⓫ $4\frac{8}{15}+1\frac{3}{15}=$

⓬ $2\frac{1}{17}+2\frac{11}{17}=$

대분수의 덧셈에서 분수 부분을 더할 때 분모끼리 더해서 틀리는 경우가 있어요.
분모는 그대로 두고 분자끼리만 더해야 해요.

$3\frac{2}{4}+2\frac{1}{4}=5+\frac{3}{8}=5\frac{3}{8}$ (×) $3\frac{2}{4}+2\frac{1}{4}=5+\frac{3}{4}=5\frac{3}{4}$ (○)

자연수는 자연수끼리, 분수는 분수끼리 계산하세요.

① $3\frac{2}{4}+2\frac{1}{4}=$

② $2\frac{1}{5}+1\frac{1}{5}=$

③ $1\frac{4}{6}+5\frac{1}{6}=$

④ $1\frac{3}{7}+1\frac{3}{7}=$

⑤ $2\frac{3}{8}+3\frac{2}{8}=$

⑥ $2\frac{4}{9}+2\frac{3}{9}=$

⑦ $3\frac{5}{10}+3\frac{2}{10}=$

⑧ $1\frac{4}{11}+2\frac{5}{11}=$

⑨ $3\frac{5}{12}+1\frac{6}{12}=$

⑩ $1\frac{3}{13}+1\frac{8}{13}=$

⑪ $1\frac{7}{18}+3\frac{4}{18}=$

⑫ $4\frac{7}{19}+3\frac{8}{19}=$

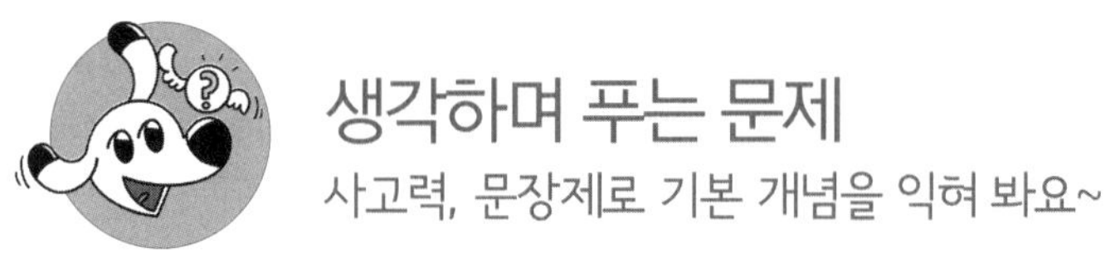

생각하며 푸는 문제

사고력, 문장제로 기본 개념을 익혀 봐요~

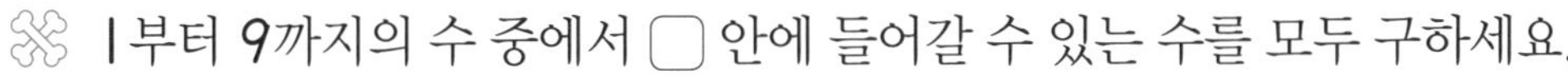

1부터 9까지의 수 중에서 □ 안에 들어갈 수 있는 수를 모두 구하세요.

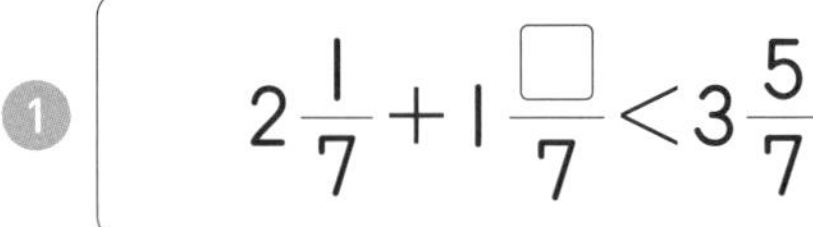

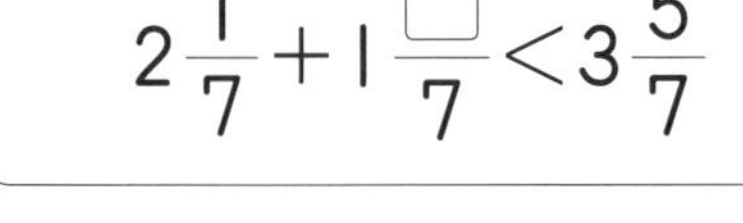

1. $2\frac{1}{7}+1\frac{\square}{7}<3\frac{5}{7}$

____

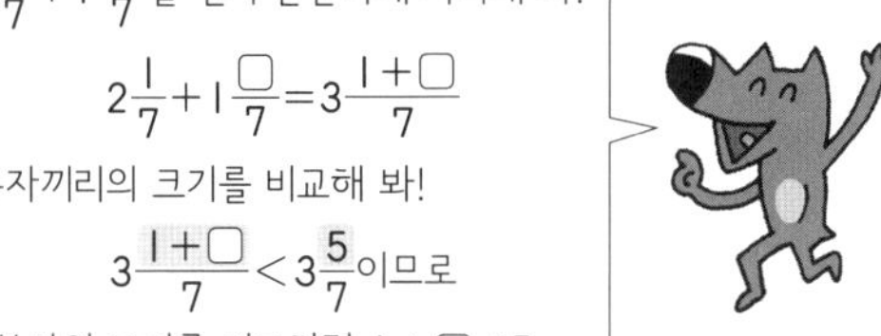

① $2\frac{1}{7}+1\frac{\square}{7}$를 먼저 간단하게 나타내 봐!
$2\frac{1}{7}+1\frac{\square}{7}=3\frac{1+\square}{7}$
② 분자끼리의 크기를 비교해 봐!
$3\frac{1+\square}{7}<3\frac{5}{7}$이므로
분자의 크기를 비교하면 $1+\square<5$

2. $2\frac{3}{10}+2\frac{\square}{10}<4\frac{9}{10}$

____

식을 간단히 하면

$4\frac{3+\square}{10}<4\frac{9}{10}$

물음에 답하세요.

3. 빠독이가 어항에 물을 $4\frac{3}{6}$ L 부은 후 $2\frac{2}{6}$ L 더 부었습니다. 어항에 부은 물의 양은 모두 몇 L일까요?

____

4. 쁘냥이가 일주일 동안 먹는 사료의 무게는 $2\frac{1}{8}$ kg이고, 간식의 무게는 $1\frac{4}{8}$ kg입니다. 쁘냥이가 일주일 동안 먹는 사료와 간식의 무게는 모두 몇 kg일까요?

____

$1\frac{1}{4}+1\frac{2}{4}$를 가분수로 바꾸어 계산할 수도 있나요?

대분수를 가분수로 바꾸어 가분수끼리의 덧셈을 할 수도 있어요.

대분수 $1\frac{1}{4}$ $1\frac{2}{4}$

가분수 $\frac{5}{4}+\frac{6}{4}=\frac{11}{4}$

$\frac{1}{4}$이 5개 + $\frac{1}{4}$이 6개 = $\frac{1}{4}$이 11개

계산 결과인 $\frac{11}{4}$은 대분수 $2\frac{3}{4}$으로 나타내요.

네! $\frac{5}{4}+\frac{6}{4}$으로 바꾸어 계산할 수 있어요.

· 대분수를 가분수로 바꾸어 분자끼리 더해요.

· 계산 결과는 대분수로 바꾸어 나타내요.

$1\frac{1}{4}+1\frac{2}{4}=\frac{5}{4}+\frac{6}{4}=\frac{11}{4}=2\frac{3}{4}$

대분수를 가분수로

계산 결과는 대분수로

쏙쏙! OX 퀴즈

1. $1\frac{3}{4}$을 가분수로 바꾸어 나타내면 $\frac{7}{4}$입니다. (　　)

2. 대분수를 가분수로 바꾸어 분모끼리 더합니다. (　　)

정답 1. ○ 2. ×

[대분수를 가분수로 바꾸는 방법을 다시 한 번 정리해 봐요.
$1\frac{2}{4}$ ⇨ 1과 $\frac{2}{4}$ ⇨ $\frac{4}{4}$와 $\frac{2}{4}$ ⇨ $\frac{6}{4}$]

16

대분수를 가분수로 바꾸어 계산하세요.

❶ $1\frac{1}{4}+2\frac{2}{4}=\frac{\square}{4}+\frac{\square}{4}$
$=\frac{\square}{4}=\square\frac{\square}{4}$

❷ $2\frac{1}{5}+4\frac{3}{5}=$

❸ $2\frac{1}{6}+1\frac{4}{6}=$

❹ $1\frac{1}{7}+1\frac{2}{7}=$

❺ $1\frac{3}{8}+1\frac{2}{8}=$

❻ $1\frac{3}{7}+3\frac{2}{7}=$

❼ $1\frac{3}{9}+4\frac{5}{9}=$

❽ $3\frac{1}{9}+1\frac{4}{9}=$

❾ $3\frac{7}{10}+2\frac{2}{10}=$

❿ $1\frac{3}{12}+5\frac{4}{12}=$

⓫ $2\frac{1}{11}+3\frac{1}{11}=$

⓬ $1\frac{5}{13}+2\frac{4}{13}=$

※ 대분수를 가분수로 바꾸어 계산하세요.

① $3\frac{2}{4}+1\frac{1}{4}=$

② $1\frac{1}{3}+2\frac{1}{3}=$

③ $1\frac{3}{6}+4\frac{2}{6}=$

④ $1\frac{4}{7}+1\frac{1}{7}=$

⑤ $2\frac{1}{5}+2\frac{2}{5}=$

⑥ $1\frac{2}{8}+2\frac{3}{8}=$

⑦ $1\frac{2}{9}+1\frac{3}{9}=$

⑧ $3\frac{1}{10}+1\frac{2}{10}=$

⑨ $2\frac{1}{11}+2\frac{5}{11}=$

⑩ $1\frac{4}{12}+1\frac{7}{12}=$

⑪ $3\frac{6}{13}+1\frac{4}{13}=$

⑫ $1\frac{2}{15}+3\frac{2}{15}=$

생각하며 푸는 문제

사고력, 문장제로 기본 개념을 익혀 봐요~

수직선을 이용하여 분수의 덧셈을 하세요.

1

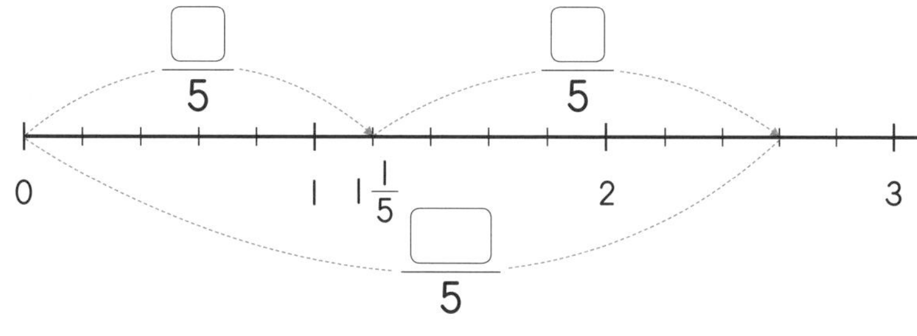

$$1\frac{1}{5}+1\frac{2}{5}=\frac{\square}{5}+\frac{\square}{5}=\frac{\square}{5}=\square\frac{\square}{5}$$

2

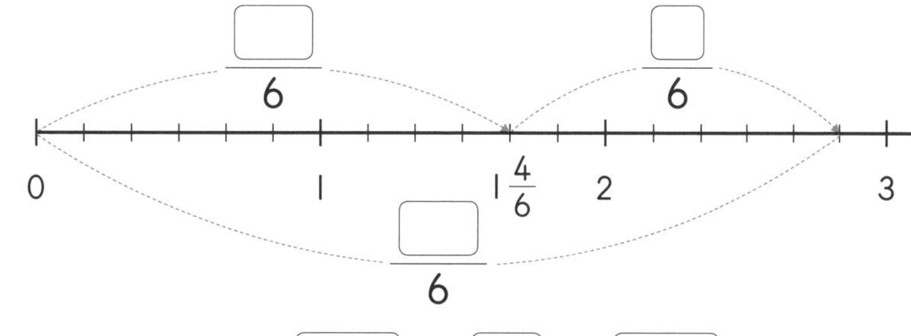

$$1\frac{4}{6}+1\frac{1}{6}=\frac{\square}{6}+\frac{\square}{6}=\frac{\square}{6}=\square$$

물음에 답하세요.

3 쁘냥이네 집에는 매일 $2\frac{1}{5}$ L짜리 우유 한 통이 배달됩니다. 이틀 동안 쁘냥이네 집에 배달된 우유의 양은 모두 몇 L일까요?

____

4 빠독이는 $1\frac{1}{4}$시간 동안 게임을 하고, $2\frac{2}{4}$시간 동안 축구를 했습니다. 빠독이가 게임을 한 시간과 축구를 한 시간은 모두 몇 시간일까요?

____

분수 부분의 합이 1보다 큰 (대분수)+(대분수)

$1\frac{2}{3}+1\frac{2}{3}=2\frac{4}{3}$가 맞나요?

분모가 같은 대분수의 덧셈 방법 알고 있죠?
자연수는 자연수끼리, 분수는 분수끼리 더해요.

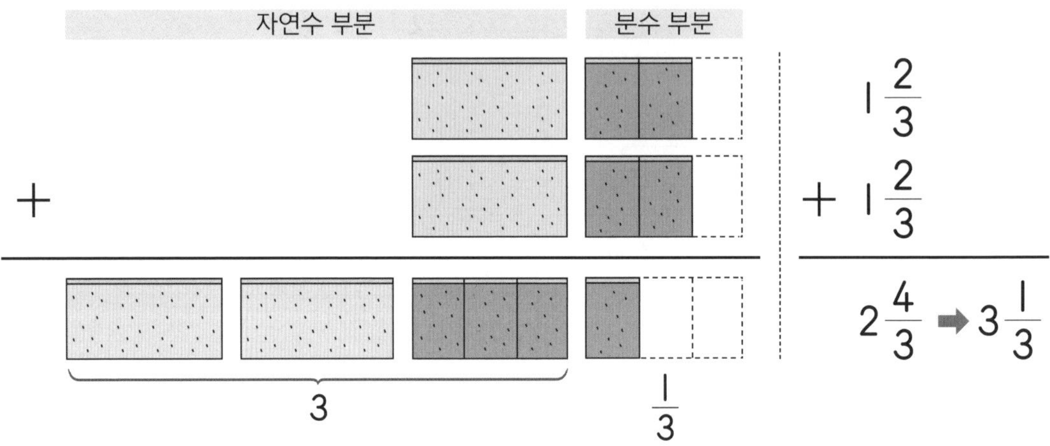

앗! $2\frac{4}{3}$는 어떤 분수인가요?

$2\frac{4}{3}$는 대분수로 착각하기 쉽지만 (자연수)+(가분수)이므로 대분수가 아니에요.

$2\frac{4}{3}$를 (자연수)+(진분수)인 대분수 $3\frac{1}{3}$로 나타내야 해요.

아니에요.
$2\frac{4}{3}$는 대분수가 아니므로 $3\frac{1}{3}$이 맞아요.

· 분수끼리의 합이 가분수이면 대분수로 바꾼 다음 자연수와 더해요.

$$1\frac{2}{3}+1\frac{2}{3}=(1+1)+\left(\frac{2}{3}+\frac{2}{3}\right)$$
$$=2+\frac{4}{3}=2+1\frac{1}{3}=3\frac{1}{3}$$

가분수를 대분수로

분수의 덧셈을 하세요.

대분수로 나타내요.

❶ $2\frac{2}{4}+1\frac{3}{4}=3+\frac{5}{4}=3+\square\frac{\square}{4}$

$=\square\frac{\square}{4}$

❷ $1\frac{3}{5}+1\frac{4}{5}=$

❸ $1\frac{5}{7}+4\frac{3}{7}=$

❹ $2\frac{2}{6}+1\frac{5}{6}=$

❺ $1\frac{7}{8}+3\frac{4}{8}=$

❻ $1\frac{8}{9}+2\frac{3}{9}=$

❼ $2\frac{4}{10}+2\frac{9}{10}=$

❽ $3\frac{6}{11}+1\frac{9}{11}=$

❾ $4\frac{5}{12}+2\frac{8}{12}=$

❿ $2\frac{10}{13}+6\frac{11}{13}=$

⓫ $3\frac{9}{14}+2\frac{8}{14}=$

⓬ $4\frac{11}{15}+3\frac{11}{15}=$

대분수를 자연수와 가분수의 합으로 나타내지 않도록 조심해요.

$1\frac{3}{4}+1\frac{2}{4}=2\frac{5}{4}$ (×) ← 가분수　　$1\frac{3}{4}+1\frac{2}{4}=3\frac{1}{4}$ (○) ← 진분수

17

※ 분수의 덧셈을 하세요.

① $1\frac{4}{5}+1\frac{3}{5}=$

② $1\frac{2}{4}+2\frac{3}{4}=$

③ $2\frac{2}{6}+2\frac{5}{6}=$

④ $2\frac{6}{7}+1\frac{4}{7}=$

⑤ $1\frac{6}{8}+3\frac{7}{8}=$

⑥ $3\frac{7}{9}+2\frac{4}{9}=$

⑦ $3\frac{8}{10}+2\frac{9}{10}=$

⑧ $2\frac{9}{11}+4\frac{9}{11}=$

⑨ $4\frac{9}{12}+3\frac{8}{12}=$

⑩ $1\frac{7}{13}+6\frac{8}{13}=$

⑪ $5\frac{6}{11}+1\frac{7}{11}=$

⑫ $2\frac{10}{14}+3\frac{9}{14}=$

생각하며 푸는 문제

사고력, 문장제로 기본 개념을 익혀 봐요~

세 수 중 두 수를 골라 □ 안에 써넣어 계산 결과가 가장 큰 덧셈식을 만들고 계산하세요.

1. | 2 3 ➡ $1\frac{3}{4}+\square\frac{\square}{4}$

______

2. 2 4 5 ➡ $2\frac{3}{6}+\square\frac{\square}{6}$

______

3. 5 6 7 ➡ $\square\frac{\square}{11}+1\frac{10}{11}$

______

물음에 답하세요.

4. 쁘냥이는 설탕물 $2\frac{4}{10}$ L가 들어 있는 병에 설탕물 $1\frac{9}{10}$ L를 더 담았습니다. 설탕물을 더 담은 후, 병에 들어 있는 설탕물의 양은 모두 몇 L일까요?

______

5. 빠독이 가방의 무게는 $2\frac{4}{5}$ kg입니다. 가방 속에 $3\frac{3}{5}$ kg의 책 꾸러미를 더 넣었다면 책 꾸러미를 넣은 가방의 무게는 모두 몇 kg일까요?

______

분수 부분의 합이 1보다 큰 (대분수)+(진분수)

$2\frac{4}{5}+\frac{3}{5}=2\frac{7}{5}$인가요? $3\frac{2}{5}$인가요?

$2\frac{4}{5}+\frac{3}{5}$을 계산해 볼까요?

자연수는 그대로 두고 분수끼리 더하면 $2\frac{7}{5}$이에요.

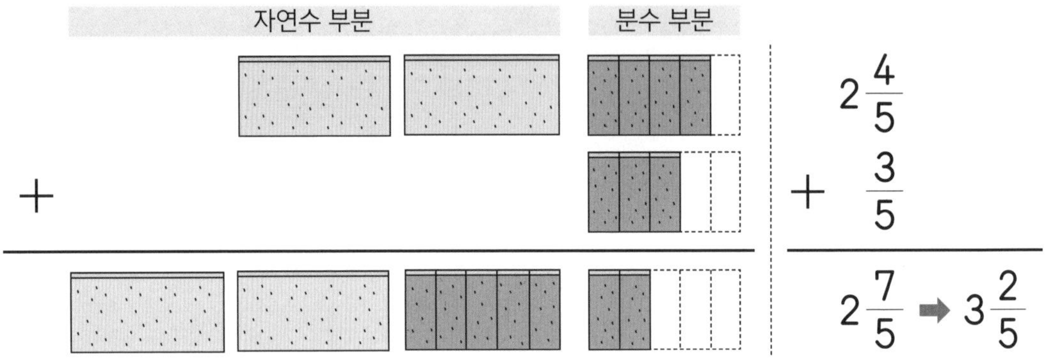

앗! 이번에도 분수 부분의 합이 가분수예요.
분수 부분의 합이 가분수이면 대분수로 바꾸어 자연수와 더해 주어야 해요.

$3\frac{2}{5}$가 맞아요.

· (대분수)+(진분수)는 자연수는 그대로 두고, 분수끼리 더해요.
· 분수 부분의 합이 가분수이면 대분수로 바꾸어 자연수와 더해요.

분수끼리 더해요.

$$2\frac{4}{5}+\frac{3}{5}=2+\frac{7}{5}=2+1\frac{2}{5}=3\frac{2}{5}$$

자연수는 그대로　가분수를 대분수로

분수의 덧셈을 하세요.

① $1\frac{2}{5}+\frac{4}{5}=1+\frac{\square}{5}$

$=\square+\square\frac{\square}{5}$

$=\square\frac{\square}{5}$

② $2\frac{5}{6}+\frac{2}{6}=$

③ $1\frac{6}{7}+\frac{3}{7}=$

④ $3\frac{3}{4}+\frac{2}{4}=$

⑤ $4\frac{5}{7}+\frac{6}{7}=$

⑥ $5\frac{7}{8}+\frac{4}{8}=$

⑦ $1\frac{5}{9}+\frac{8}{9}=$

⑧ $6\frac{9}{10}+\frac{8}{10}=$

⑨ $5\frac{9}{11}+\frac{4}{11}=$

⑩ $2\frac{7}{12}+\frac{6}{12}=$

⑪ $4\frac{7}{13}+\frac{9}{13}=$

⑫ $7\frac{8}{15}+\frac{9}{15}=$

[(대분수)+(진분수)는 자연수는 그대로 쓰고 분수 부분끼리 더한 결과를 하나의 분수로 나타낸 후, 대분수로 바꾸면 빠르게 풀 수 있어요.]

※ 분수의 덧셈을 하세요.

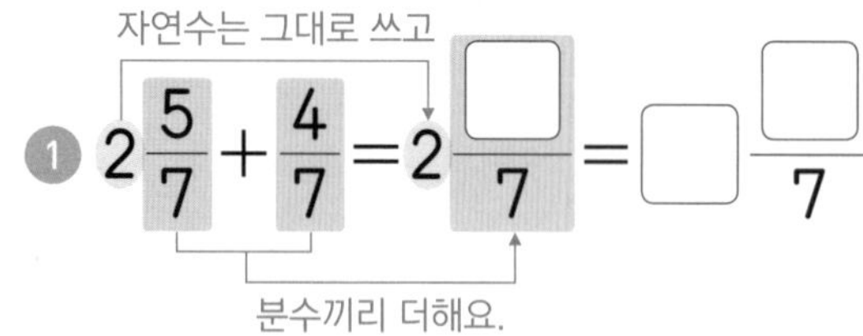

① $2\frac{5}{7}+\frac{4}{7}=2\frac{\square}{7}=\square\frac{\square}{7}$

② $3\frac{4}{6}+\frac{3}{6}=$

③ $5\frac{8}{9}+\frac{3}{9}=$

④ $2\frac{3}{7}+\frac{6}{7}=$

⑤ $4\frac{4}{10}+\frac{7}{10}=$

⑥ $1\frac{8}{10}+\frac{5}{10}=$

⑦ $\frac{9}{11}+3\frac{7}{11}=$

⑧ $\frac{6}{11}+8\frac{8}{11}=$

⑨ $\frac{9}{13}+7\frac{6}{13}=$

⑩ $\frac{7}{13}+4\frac{8}{13}=$

⑪ $\frac{6}{15}+6\frac{11}{15}=$

⑫ $\frac{8}{15}+5\frac{11}{15}=$

생각하며 푸는 문제

사고력, 문장제로 기본 개념을 익혀 봐요~

※ □ 안에 알맞은 분수를 구하세요.

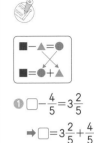

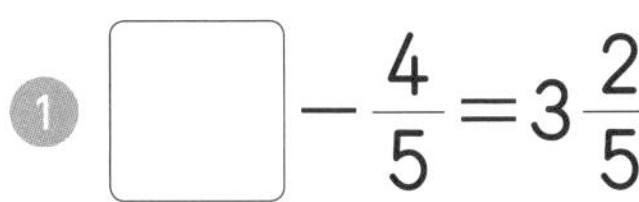

❶ $\square-\frac{4}{5}=3\frac{2}{5}$ __________

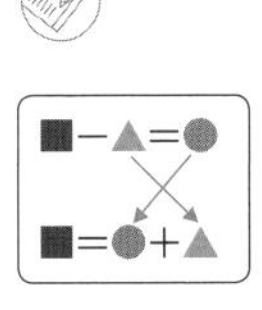

❶ $\square-\frac{4}{5}=3\frac{2}{5}$

➡ $\square=3\frac{2}{5}+\frac{4}{5}$

❷ $\square-\frac{7}{10}=2\frac{4}{10}$ __________

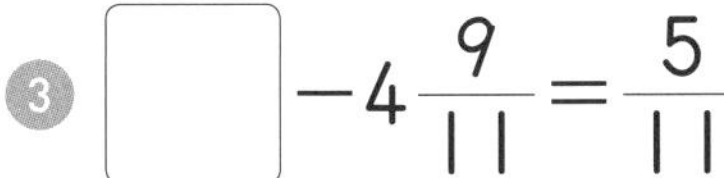

❸ $\square-4\frac{9}{11}=\frac{5}{11}$ __________

❹ $\square-6\frac{5}{13}=\frac{10}{13}$ __________

※ 물음에 답하세요.

❺ 빠독이는 물을 어제는 $1\frac{2}{7}$ L 마셨고 오늘은 $\frac{6}{7}$ L 마셨습니다. 빠독이가 어제와 오늘 마신 물의 양은 모두 몇 L일까요?

____

❻ 쁘냥이는 할머니 댁에 가는 데 기차로 $2\frac{6}{9}$시간이 걸렸고, 버스로 $\frac{4}{9}$시간이 걸렸습니다. 쁘냥이가 할머니 댁까지 가는 데 걸린 시간은 모두 몇 시간일까요?

____

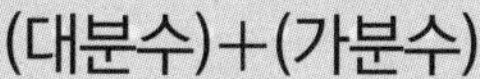

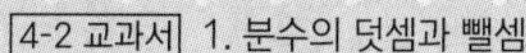

$1\frac{2}{4}+\frac{5}{4}=1\frac{7}{4}$이 맞나요?

$1\frac{2}{4}+\frac{5}{4}$를 2가지 방법으로 계산해 볼까요?

[방법1] 자연수는 그대로 두고, 분수 부분끼리 더해서 계산할 수 있어요.

[방법2] $\frac{5}{4}$를 대분수로 바꾼 후 (대분수)+(대분수)로 계산할 수 있어요.

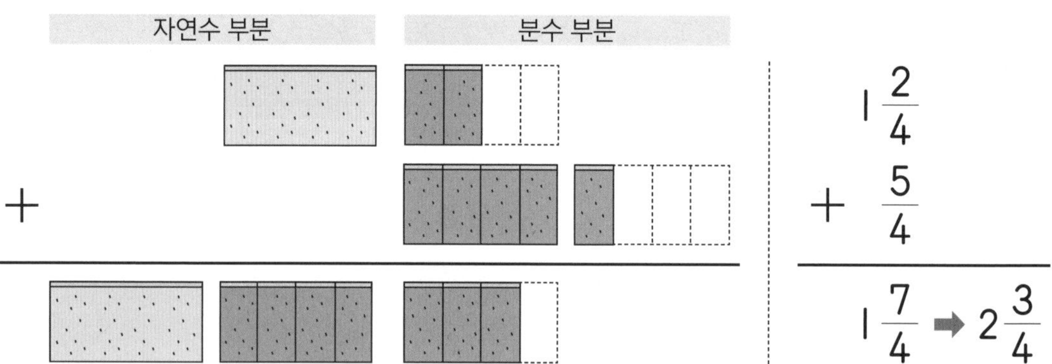

$$\begin{array}{r} 1\frac{2}{4} \\ +\ \ \frac{5}{4} \\ \hline 1\frac{7}{4} \Rightarrow 2\frac{3}{4} \end{array}$$

아니에요.

$1\frac{7}{4}$은 대분수가 아니므로 $2\frac{3}{4}$이 맞아요.

· (대분수)+(가분수)의 계산 방법

[방법1] (자연수는 그대로) $1\frac{2}{4}+\frac{5}{4}=1+\frac{7}{4}=1+1\frac{3}{4}=2\frac{3}{4}$ (분수끼리 더해요.)

[방법2] (가분수를 대분수로) $1\frac{2}{4}+\frac{5}{4}=1\frac{2}{4}+1\frac{1}{4}$

$=(1+1)+\left(\frac{2}{4}+\frac{1}{4}\right)=2\frac{3}{4}$ (자연수끼리, 분수끼리)

분수의 덧셈을 하세요.

자연수는 그대로

❶ $1\frac{3}{5}+\frac{6}{5}=1+\frac{\square}{5}=1+\square\frac{\square}{5}$

분수끼리 더해요.

$=\square\frac{\square}{5}$

❷ $2\frac{2}{4}+\frac{5}{4}=$

❸ $2\frac{1}{3}+\frac{4}{3}=$

❹ $1\frac{3}{6}+\frac{8}{6}=$

❺ $5\frac{4}{7}+\frac{9}{7}=$

❻ $6\frac{5}{8}+\frac{10}{8}=$

❼ $3\frac{3}{9}+\frac{11}{9}=$

❽ $4\frac{6}{10}+\frac{11}{10}=$

❾ $3\frac{2}{11}+\frac{13}{11}=$

❿ $1\frac{5}{12}+\frac{14}{12}=$

⓫ $5\frac{11}{15}+\frac{18}{15}=$

⓬ $7\frac{7}{18}+\frac{22}{18}=$

[가분수를 대분수로 바꾼 후 자연수는 자연수끼리,
분수는 분수끼리 계산해 보아요.]

※ 가분수는 대분수로 바꾸어 계산하세요.

가분수는 대분수로!

❶ $1\frac{3}{5}+\frac{6}{5}=1\frac{3}{5}+\square\frac{\square}{5}$

$=\square\frac{\square}{5}$

❷ $4\frac{1}{5}+\frac{7}{5}=$

❸ $5\frac{3}{9}+\frac{13}{9}=$

❹ $3\frac{3}{7}+\frac{9}{7}=$

❺ $6\frac{6}{10}+\frac{13}{10}=$

❻ $2\frac{1}{3}+\frac{4}{3}=$

❼ $7\frac{9}{12}+\frac{14}{12}=$

❽ $8\frac{4}{11}+\frac{16}{11}=$

❾ $4\frac{3}{8}+\frac{10}{8}=$

❿ $5\frac{9}{14}+\frac{16}{14}=$

⓫ $1\frac{13}{20}+\frac{24}{20}=$

⓬ $2\frac{15}{50}+\frac{54}{50}=$

생각하며 푸는 문제

사고력, 문장제로 기본 개념을 익혀 봐요~

가장 큰 분수와 가장 작은 분수의 합을 구하세요.

❶ 

$3\frac{5}{7}$ $1\frac{4}{7}$ $\frac{8}{7}$

❷ $\frac{12}{8}$ $4\frac{7}{8}$ $5\frac{3}{8}$

❸ $7\frac{3}{11}$ $\frac{13}{11}$ $6\frac{5}{11}$

물음에 답하세요.

❹ 창고에 감자 $\frac{12}{10}$ kg과 고구마 $3\frac{7}{10}$ kg이 있습니다. 창고에 있는 감자와 고구마 무게의 합은 몇 kg일까요?

❺ 빠독이와 쁘냥이가 달리기 연습을 합니다. 빠독이는 $2\frac{3}{8}$ km를, 쁘냥이는 $\frac{10}{8}$ km를 달렸다면 빠독이와 쁘냥이가 달린 거리는 모두 몇 km일까요?

분수를 영어로 읽어 봐요!

분수를 영어로 읽을 때는 분자 먼저 읽는 것만 알아도 절반은 해낸 거예요.
이때 분자는 기수로, 분모는 서수로 읽으면 돼요.

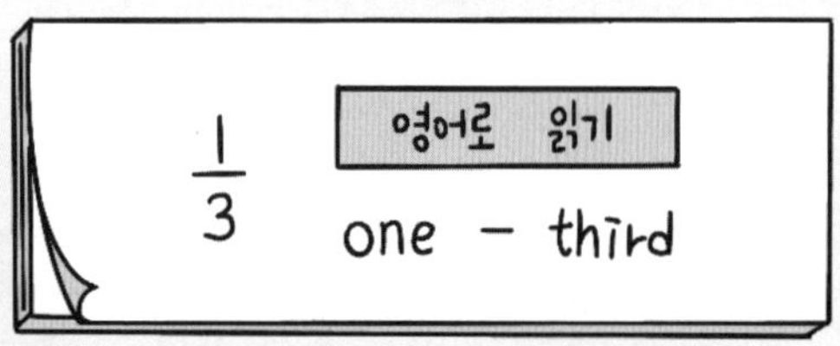

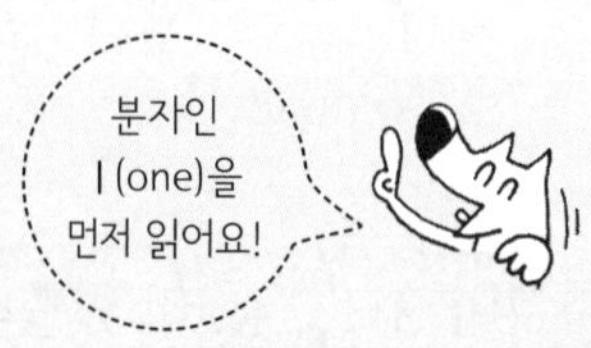

* 보통 숫자를 말할 때 쓰는 one, two, three와 같은 수가 기수이고,
순서를 나타내는 first, second, third와 같은 수가 서수예요.

분자가 1보다 클 때는 분모에 s를 붙여야 해요. 그래서 $\frac{3}{4}$은 three-fourths라고 읽어요. $\frac{1}{4}$을 one quarter라고도 하므로 $\frac{3}{4}$을 three quarters처럼 읽을 수도 있답니다.

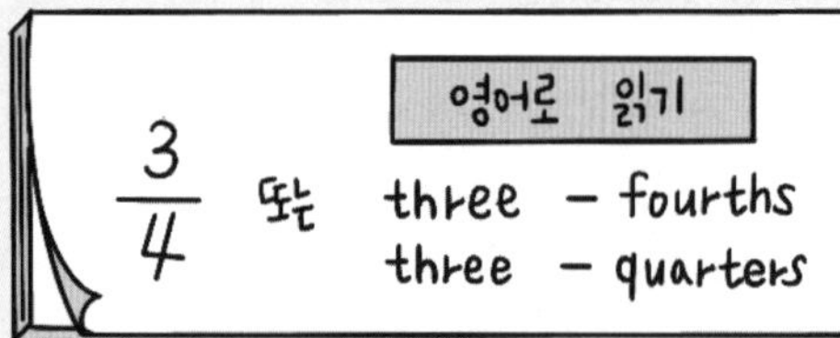

넷째 마당
분모가 같은 분수의 뺄셈

오늘 공부한 단계를 색칠해 보세요!

20 21 22 23 24 25 26

20 $\frac{7}{9}-\frac{2}{9}=5$가 맞나요?

21 $3\frac{4}{5}-1\frac{2}{5}=2-\frac{2}{5}$가 맞나요?

22 $2\frac{3}{5}-1\frac{1}{5}$을 가분수로 바꾸어 계산할 수도 있나요?

23 $1-\frac{1}{3}$처럼 자연수에서 분수를 뺄 수 있나요?

24 $3-1\frac{1}{3}$에서 3을 모두 분수로 바꾸나요?

25 $3\frac{1}{3}-1\frac{2}{3}$에서 $\frac{1}{3}-\frac{2}{3}$는 계산할 수 없는데요?

26 $3\frac{2}{4}-\frac{3}{4}=3\frac{1}{4}$이 맞나요?

(진분수)−(진분수)

$\frac{7}{9}-\frac{2}{9}=5$가 맞나요?

똑같은 피자 한 판을 빠독이는 전체의 $\frac{7}{9}$을 먹었고 쁘냥이는 전체의 $\frac{2}{9}$를 먹었어요.

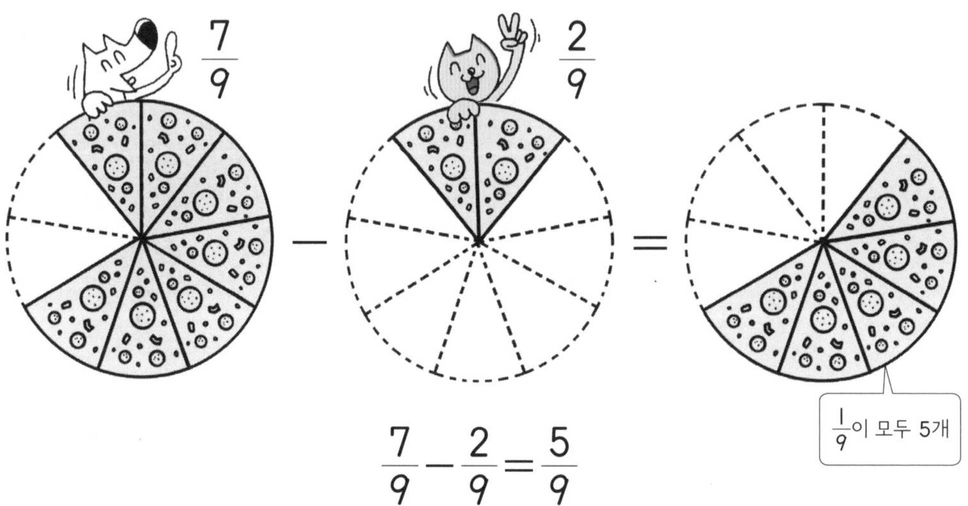

$$\frac{7}{9}-\frac{2}{9}=\frac{5}{9}$$

$\frac{7}{9}$은 $\frac{1}{9}$이 7개이고, $\frac{2}{9}$는 $\frac{1}{9}$이 2개이므로 $\frac{7}{9}-\frac{2}{9}$는 $\frac{1}{9}$이 $7-2=5$(개)예요.

빠독이는 쁘냥이보다 피자를 전체의 $\frac{5}{9}$만큼 더 많이 먹었어요.

아니에요.
$\frac{5}{9}$가 맞아요.

· 진분수의 뺄셈은 $\frac{1}{■}$이 몇 개 차이나는지 구하는 것과 같아요.

· 분모는 그대로 두고 분자끼리 빼요.

$\frac{7}{9}-\frac{2}{9}=\frac{7-2}{9}=\frac{5}{9}$ ← 분자끼리 빼면 $7-2=5$ ← 분모는 그대로 9

쏙쏙! OX 퀴즈

1. 분모가 같은 진분수의 뺄셈은 분자끼리, 분모끼리 뺍니다. (　　)
2. $\frac{6}{7}-\frac{3}{7}=\frac{6-3}{7}=\frac{3}{7}$입니다. (　　)

정답 1. × 2. ○

[$\frac{3}{4}$은 $\frac{1}{4}$이 3개이고, $\frac{2}{4}$는 $\frac{1}{4}$이 2개이므로 $\frac{3}{4}-\frac{2}{4}$는 $\frac{1}{4}$이 $3-2=1$(개)예요.]

※ 그림을 보고 분수의 뺄셈을 하세요.

1

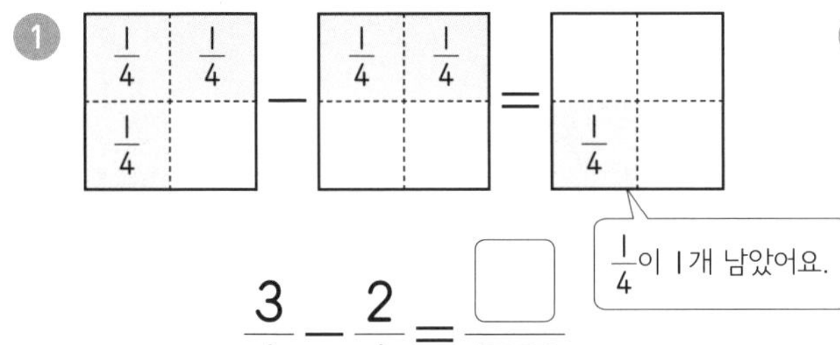

$\frac{3}{4}-\frac{2}{4}=\frac{\square}{\square}$

2

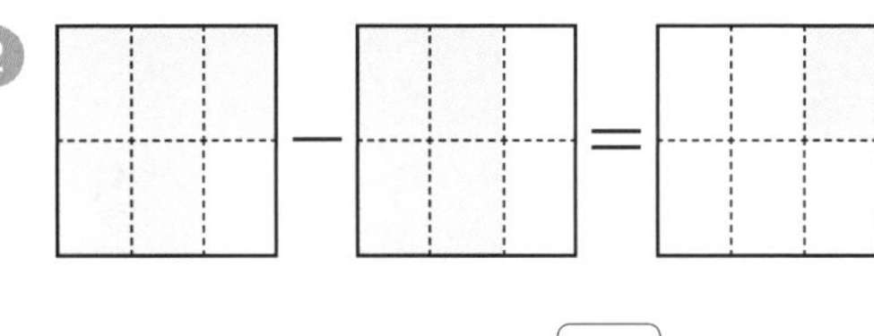

$\frac{5}{6}-\frac{4}{6}=\frac{\square}{\square}$

3

$\frac{8}{9}-\frac{1}{9}=\frac{\square}{\square}$

4

$\frac{9}{12}-\frac{2}{12}=\frac{\square}{\square}$

5

$\frac{\square}{\square}-\frac{\square}{\square}=\frac{\square}{\square}$

6

$\frac{\square}{\square}-\frac{\square}{\square}=\frac{\square}{\square}$

분수의 뺄셈을 하세요.

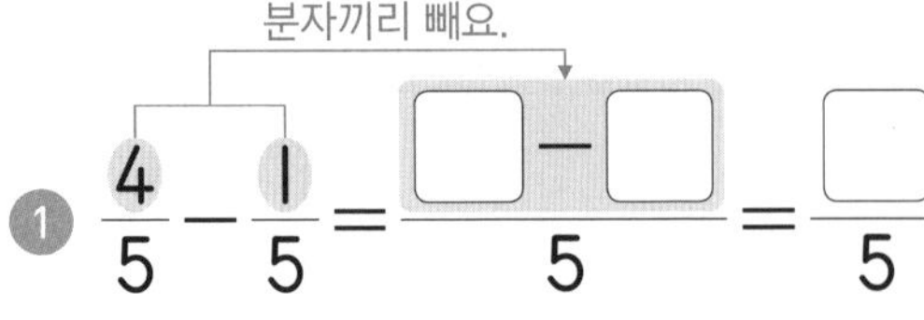

① $\frac{4}{5}-\frac{1}{5}=\frac{\square-\square}{5}=\frac{\square}{5}$

② $\frac{4}{6}-\frac{3}{6}=$

③ $\frac{6}{7}-\frac{3}{7}=$

④ $\frac{8}{10}-\frac{1}{10}=$

⑤ $\frac{10}{11}-\frac{7}{11}=$

⑥ $\frac{11}{12}-\frac{4}{12}=$

⑦ $\frac{11}{13}-\frac{9}{13}=$

⑧ $\frac{14}{15}-\frac{10}{15}=$

⑨ $\frac{13}{14}-\frac{8}{14}=$

⑩ $\frac{15}{16}-\frac{4}{16}=$

⑪ $\frac{9}{17}-\frac{5}{17}=$

⑫ $\frac{11}{19}-\frac{3}{19}=$

생각하며 푸는 문제

사고력, 문장제로 기본 개념을 익혀 봐요~

수직선을 보고 □ 안에 알맞은 수를 써넣으세요.

1

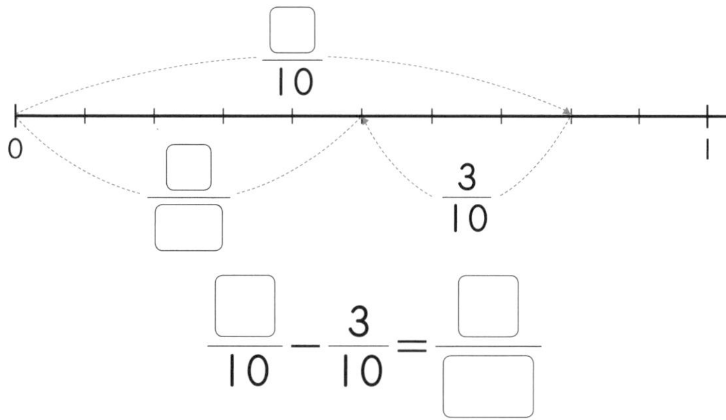

$$\frac{\square}{10} - \frac{3}{10} = \frac{\square}{\square}$$

2

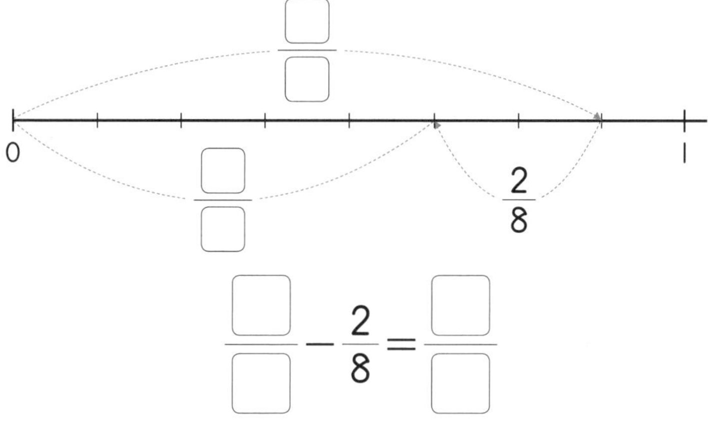

$$\frac{\square}{\square} - \frac{2}{8} = \frac{\square}{\square}$$

물음에 답하세요.

3 $\frac{6}{7}$보다 $\frac{4}{7}$만큼 작은 수는 얼마일까요?

____

4 물병에 전체의 $\frac{8}{9}$만큼 물이 들어 있습니다. 이 중 $\frac{3}{9}$만큼을 마셨다면 남은 물의 양은 전체의 얼마일까요?

____

자연수끼리, 분수끼리 계산하는 (대분수)−(대분수)

$3\frac{4}{5}-1\frac{2}{5}=2-\frac{2}{5}$가 맞나요?

대분수는 (자연수)+(진분수)이므로 $3\frac{4}{5}=3+\frac{4}{5}$이고 $1\frac{2}{5}=1+\frac{2}{5}$예요.

$3\frac{4}{5}-1\frac{2}{5}$는 자연수는 자연수끼리 빼고, 분수는 분수끼리 뺀 결과를 더하면 돼요.

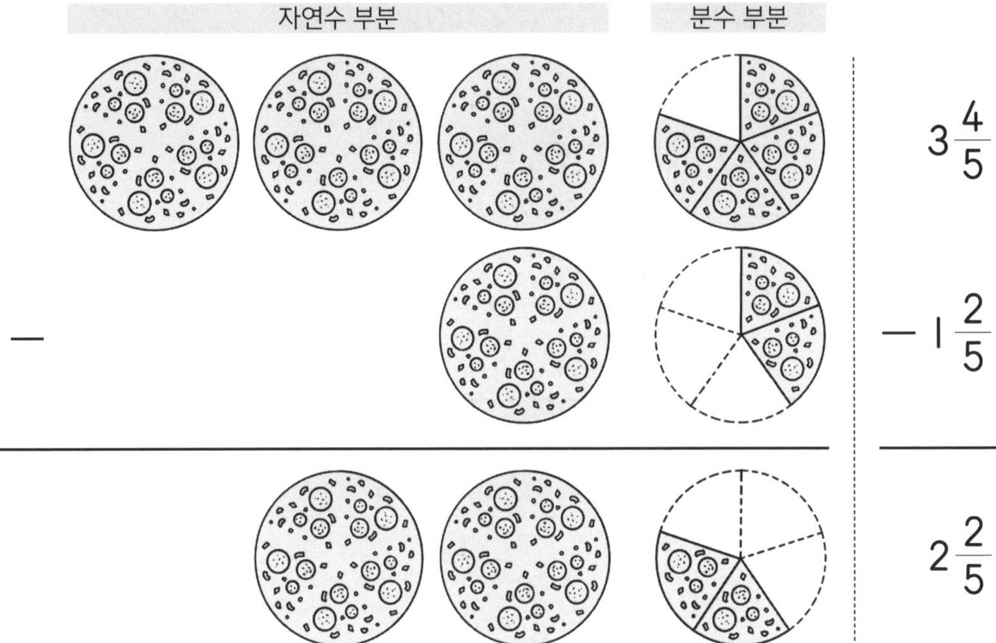

아니에요.
$2\frac{2}{5}$가 맞아요.

· 분모가 같은 대분수의 뺄셈은 자연수는 자연수끼리, 분수는 분수끼리 뺀 결과를 더해요.

$$3\frac{4}{5}-1\frac{2}{5}=\underbrace{(3-1)}_{\text{자연수끼리}}+\underbrace{\left(\frac{4}{5}-\frac{2}{5}\right)}_{\text{분수끼리}}=2+\frac{2}{5}=2\frac{2}{5}$$

쏙쏙! OX 퀴즈

분모가 같은 대분수의 뺄셈은 자연수끼리, 분수끼리 뺀 결과를 뺍니다.

(　　　)

× 정답

[대분수의 뺄셈도 대분수의 덧셈과 같이 자연수는 자연수끼리,
분수는 분수끼리 계산하면 돼요.]

21

자연수는 자연수끼리, 분수는 분수끼리 계산하세요.

자연수끼리 / 분수끼리

❶ $3\frac{2}{3}-1\frac{1}{3}=(3-1)+\left(\frac{2}{3}-\frac{1}{3}\right)$

$=\square+\frac{\square}{3}$

$=\square\frac{\square}{3}$

❷ $4\frac{5}{6}-2\frac{4}{6}=$

❸ $6\frac{5}{8}-2\frac{2}{8}=$

❹ $7\frac{9}{10}-1\frac{2}{10}=$

❺ $5\frac{6}{7}-3\frac{2}{7}=$

❻ $7\frac{8}{9}-1\frac{1}{9}=$

❼ $7\frac{2}{3}-5\frac{1}{3}=$

❽ $6\frac{7}{8}-3\frac{2}{8}=$

❾ $9\frac{10}{11}-6\frac{1}{11}=$

❿ $8\frac{13}{14}-2\frac{4}{14}=$

⓫ $8\frac{11}{15}-7\frac{7}{15}=$

⓬ $10\frac{5}{10}-3\frac{2}{10}=$

자연수는 자연수끼리, 분수는 분수끼리 계산하세요.

1. $4\frac{2}{3}-2\frac{1}{3}=$

2. $4\frac{3}{5}-1\frac{1}{5}=$

3. $3\frac{3}{4}-1\frac{2}{4}=$

4. $5\frac{3}{6}-1\frac{2}{6}=$

5. $5\frac{6}{7}-1\frac{1}{7}=$

6. $4\frac{7}{8}-3\frac{4}{8}=$

7. $7\frac{4}{10}-2\frac{3}{10}=$

8. $6\frac{5}{9}-2\frac{3}{9}=$

9. $7\frac{9}{11}-5\frac{2}{11}=$

10. $8\frac{11}{12}-3\frac{4}{12}=$

11. $4\frac{12}{13}-2\frac{8}{13}=$

12. $3\frac{11}{19}-1\frac{2}{19}=$

생각하며 푸는 문제

사고력, 문장제로 기본 개념을 익혀 봐요~

계산 결과를 비교하여 ○ 안에 >, =, <를 알맞게 써넣으세요.

1. $5\frac{3}{5}-3\frac{1}{5}$ ○ $7\frac{4}{5}-4\frac{3}{5}$

2. $2\frac{5}{7}-1\frac{1}{7}$ ○ $3\frac{6}{7}-2\frac{3}{7}$

3. $6\frac{7}{8}-2\frac{2}{8}$ ○ $8\frac{6}{8}-5\frac{1}{8}$

4. $4\frac{7}{10}-1\frac{4}{10}$ ○ $8\frac{9}{10}-5\frac{2}{10}$

물음에 답하세요.

5. $5\frac{5}{7}$와 $2\frac{1}{7}$의 차는 얼마일까요?

____

6. 쁘냥이는 $6\frac{4}{8}$ m의 끈 중에서 선물 상자를 묶는 데 $2\frac{1}{8}$ m를 사용하였습니다. 남은 끈의 길이는 몇 m일까요?

____

답을 쓸 때 단위 쓰는 것을 잊지 마세요.

$2\frac{3}{5}-1\frac{1}{5}$을 가분수로 바꾸어 계산할 수도 있나요?

대분수를 가분수로 바꾸어 가분수끼리의 뺄셈으로 계산할 수도 있어요.

대분수 $2\frac{3}{5}$ $1\frac{1}{5}$

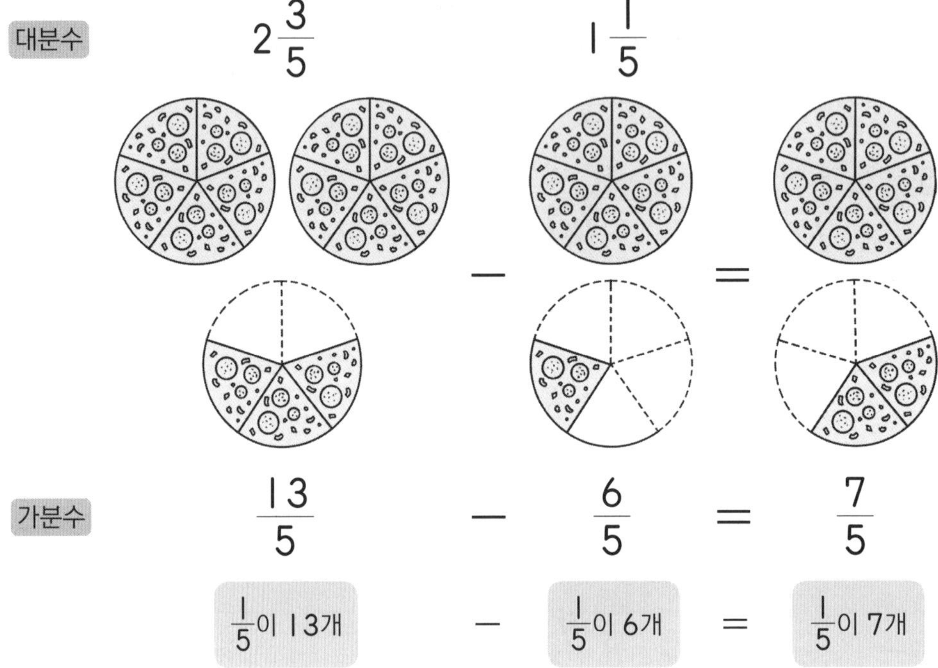

가분수 $\frac{13}{5} - \frac{6}{5} = \frac{7}{5}$

$\frac{1}{5}$이 13개 − $\frac{1}{5}$이 6개 = $\frac{1}{5}$이 7개

계산 결과인 $\frac{7}{5}$은 대분수 $1\frac{2}{5}$로 나타내요.

네! $\frac{13}{5}-\frac{6}{5}$으로 바꾸어 계산할 수 있어요.

· 대분수를 가분수로 바꾸어 분자끼리 빼요.
· 계산 결과는 대분수로 바꾸어 나타내요.

$$2\frac{3}{5}-1\frac{1}{5}=\frac{13}{5}-\frac{6}{5}=\frac{7}{5}=1\frac{2}{5}$$

대분수를 가분수로

쏙쏙! OX 퀴즈

1. $1\frac{1}{5}$을 가분수로 바꾸어 나타내면 $\frac{6}{5}$입니다. (　　　)

2. 대분수를 가분수로 바꾸어 분모는 분모끼리, 분자는 분자끼리 뺍니다. (　　　)

정답 1.○ 2.×

대분수를 가분수로 바꾸는 방법을 다시 한 번 정리해 봐요.

$2\frac{1}{4}$ ⇨ 2와 $\frac{1}{4}$ ⇨ $\frac{8}{4}$과 $\frac{1}{4}$ ⇨ $\frac{9}{4}$

※ 대분수를 가분수로 바꾸어 계산하세요.

❶ $2\frac{2}{4}-1\frac{1}{4}=\frac{\square}{4}-\frac{\square}{4}$

$=\frac{\square}{4}=\square\frac{\square}{4}$

❷ $3\frac{3}{5}-2\frac{2}{5}=$

❸ $7\frac{2}{3}-2\frac{1}{3}=$

❹ $4\frac{4}{5}-1\frac{2}{5}=$

❺ $4\frac{5}{6}-2\frac{4}{6}=$

❻ $3\frac{3}{7}-2\frac{1}{7}=$

❼ $5\frac{7}{8}-3\frac{2}{8}=$

❽ $4\frac{4}{6}-2\frac{3}{6}=$

❾ $2\frac{6}{9}-1\frac{2}{9}=$

❿ $5\frac{8}{10}-1\frac{5}{10}=$

⓫ $4\frac{9}{13}-2\frac{7}{13}=$

⓬ $6\frac{10}{11}-3\frac{2}{11}=$

대분수를 가분수로 바꾸어 계산하세요.

① $5\frac{3}{4}-1\frac{2}{4}=$

② $6\frac{4}{5}-4\frac{1}{5}=$

③ $3\frac{4}{6}-2\frac{3}{6}=$

④ $4\frac{6}{7}-1\frac{2}{7}=$

⑤ $3\frac{7}{8}-1\frac{4}{8}=$

⑥ $5\frac{8}{9}-1\frac{3}{9}=$

⑦ $6\frac{7}{10}-3\frac{4}{10}=$

⑧ $4\frac{10}{11}-2\frac{4}{11}=$

⑨ $4\frac{9}{12}-3\frac{2}{12}=$

⑩ $6\frac{10}{13}-1\frac{6}{13}=$

⑪ $4\frac{4}{14}-2\frac{1}{14}=$

⑫ $8\frac{8}{16}-2\frac{5}{16}=$

생각하며 푸는 문제

사고력, 문장제로 기본 개념을 익혀 봐요~

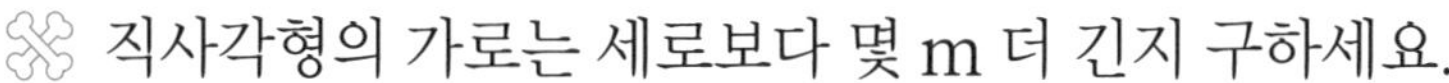

직사각형의 가로는 세로보다 몇 m 더 긴지 구하세요.

1

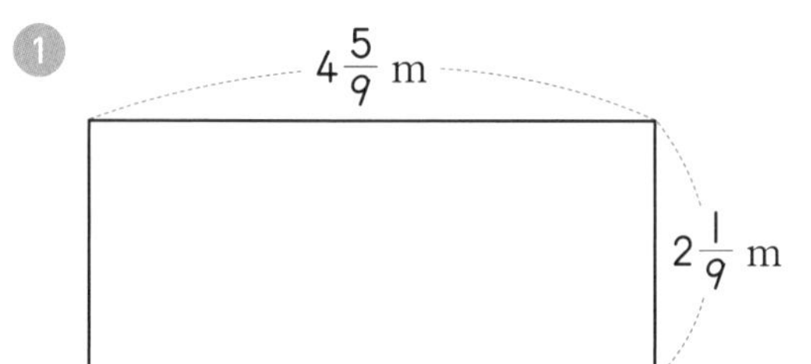

2

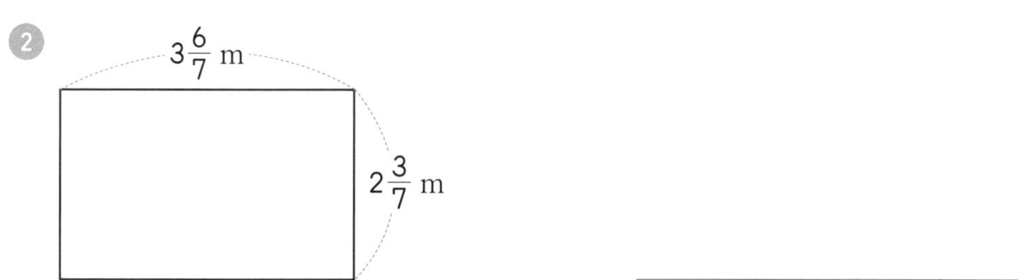

물음에 답하세요.

3 쁘냥이네 집에 콩기름은 $4\frac{7}{9}$ L 있고, 올리브유는 $1\frac{2}{9}$ L 있습니다. 콩기름은 올리브유보다 몇 L 더 많을까요?

4 $3\frac{4}{7}$ L 들이의 빈 물통에 물 $1\frac{2}{7}$ L를 부었습니다. 이 물통에 물을 가득 채우려면 몇 L의 물을 더 부어야 할까요?

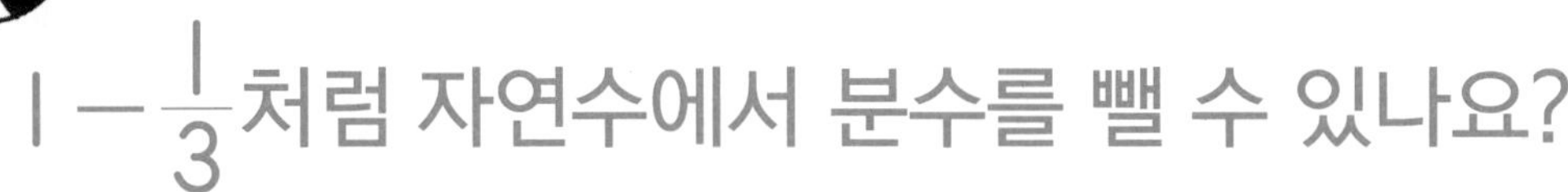

$1-\frac{1}{3}$처럼 자연수에서 분수를 뺄 수 있나요?

(자연수)−(분수)의 계산은 어떻게 하면 될까요?

$1-\frac{1}{3}$에서 1을 '분모와 분자가 같은 가분수$\left(=\frac{3}{3}\right)$'로 바꾼 후 계산하면 돼요.

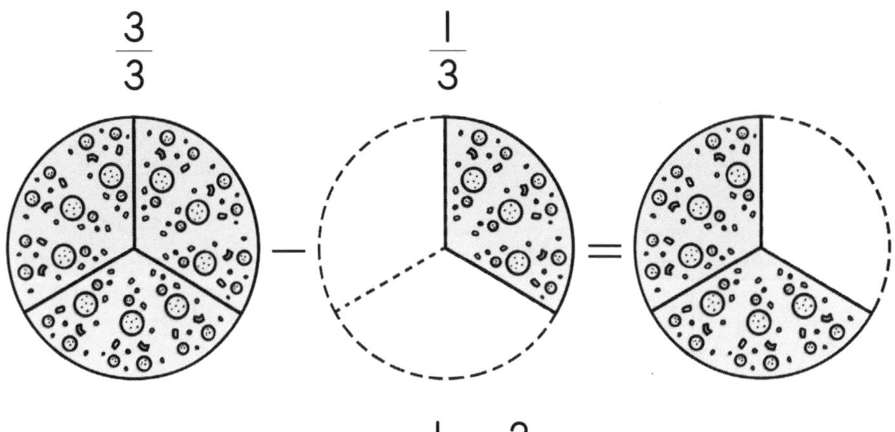

$$1-\frac{1}{3}=\frac{2}{3}$$

잠깐! 1은 빼는 분수의 분모와 같은 분수로 바꾸어야 해.

$1-\frac{1}{3}=\frac{3}{3}-\frac{1}{3}$ (○)

$1-\frac{1}{3}=\frac{4}{4}-\frac{1}{3}$ (×)

네! 계산하면 $\frac{2}{3}$예요.

· (자연수)−(분수)는 자연수에서 1만큼을 가분수로 바꾸어 계산해요.

$$1-\frac{1}{3}=\frac{3}{3}-\frac{1}{3}=\frac{2}{3}$$

1을 분모가 3인 가분수로 바꾸기

쏙쏙! OX 퀴즈

1. $1-\frac{3}{4}$은 1을 $\frac{3}{3}$으로 바꾸어 계산합니다. (　　)

2. $2-\frac{4}{5}$에서 2는 $2\frac{5}{5}$로 바꿀 수 있습니다. (　　)

정답 1.× 2.×

1은 $\frac{■}{■}$와 같이 분모와 분자가 같은 가분수로 나타낼 수 있어요.

$1=\frac{2}{2}=\frac{3}{3}=\frac{4}{4}=$ ……

분수의 뺄셈을 하세요.

❶ $1-\frac{1}{4}=\frac{\square}{4}-\frac{\square}{4}=\frac{\square}{4}$

1을 $\frac{4}{4}$로

❷ $1-\frac{2}{3}=$

❸ $1-\frac{4}{5}=$

❹ $1-\frac{1}{6}=$

❺ $1-\frac{3}{7}=$

❻ $1-\frac{5}{9}=$

❼ $1-\frac{3}{10}=$

❽ $1-\frac{2}{11}=$

❾ $1-\frac{7}{12}=$

❿ $1-\frac{9}{13}=$

⓫ $1-\frac{3}{14}=$

⓬ $1-\frac{11}{17}=$

자연수에서 1만큼만 가분수로 바꾸어 계산해요.

$2-\frac{1}{3}=1\frac{3}{3}-\frac{1}{3}=1\frac{2}{3}$

1 1 → 1만큼만 가분수로!

분수의 뺄셈을 하세요.

① $2-\frac{1}{3}=1\frac{3}{3}-\frac{1}{3}=\square\frac{\square}{3}$

1과 $\frac{3}{3}$으로!

② $3-\frac{1}{2}=2\frac{2}{2}-\frac{1}{2}=\square\frac{\square}{2}$

2와 $\frac{2}{2}$로!

③ $2-\frac{1}{4}=$

④ $3-\frac{1}{7}=$

⑤ $4-\frac{2}{9}=$

⑥ $5-\frac{7}{13}=$

⑦ $7-\frac{1}{10}=$

⑧ $9-\frac{4}{5}=$

⑨ $4-\frac{3}{11}=$

⑩ $8-\frac{1}{8}=$

⑪ $6-\frac{2}{15}=$

⑫ $10-\frac{9}{13}=$

생각하며 푸는 문제

사고력, 문장제로 기본 개념을 익혀 봐요~

※ 수직선을 보고 □ 안에 알맞은 수를 써넣으세요.

1

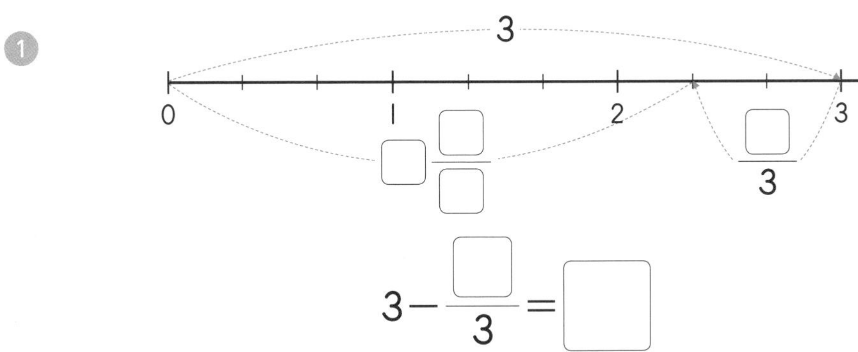

$3-\frac{\square}{3}=\square$

2

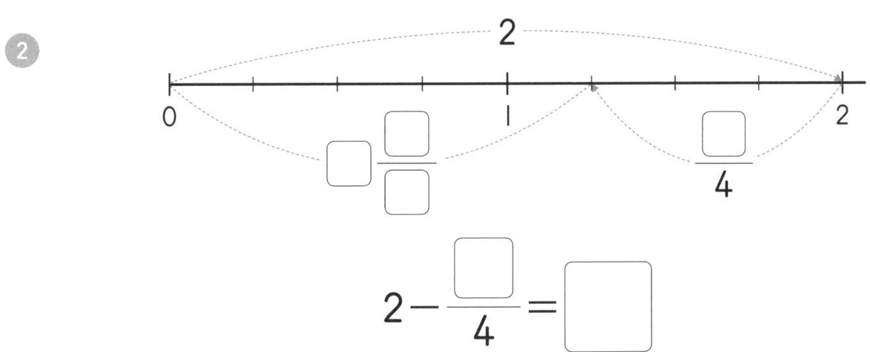

$2-\frac{\square}{4}=\square$

※ 물음에 답하세요.

3 쁘냥이네 집에서 학교까지의 거리는 2 km이고, 문구점까지의 거리는 $\frac{8}{9}$ km입니다. 문구점에서 학교까지의 거리는 몇 km일까요?

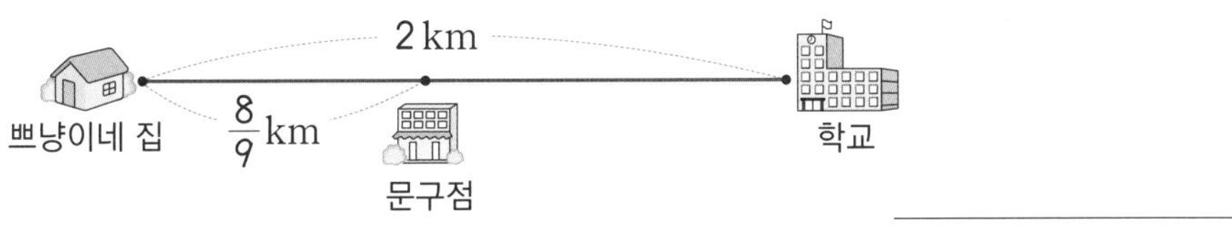

____

4 냉장고에서 2 L짜리 주스 한 병을 꺼냈습니다. 이 중에서 $\frac{2}{5}$ L를 마셨다면 남은 주스의 양은 몇 L일까요?

____

$3-1\frac{1}{3}$에서 3을 모두 분수로 바꾸나요?

(자연수)−(대분수)는 자연수에서 1만큼을 가분수로 바꾸어 계산하면 (대분수)−(대분수)의 계산과 같아져요.

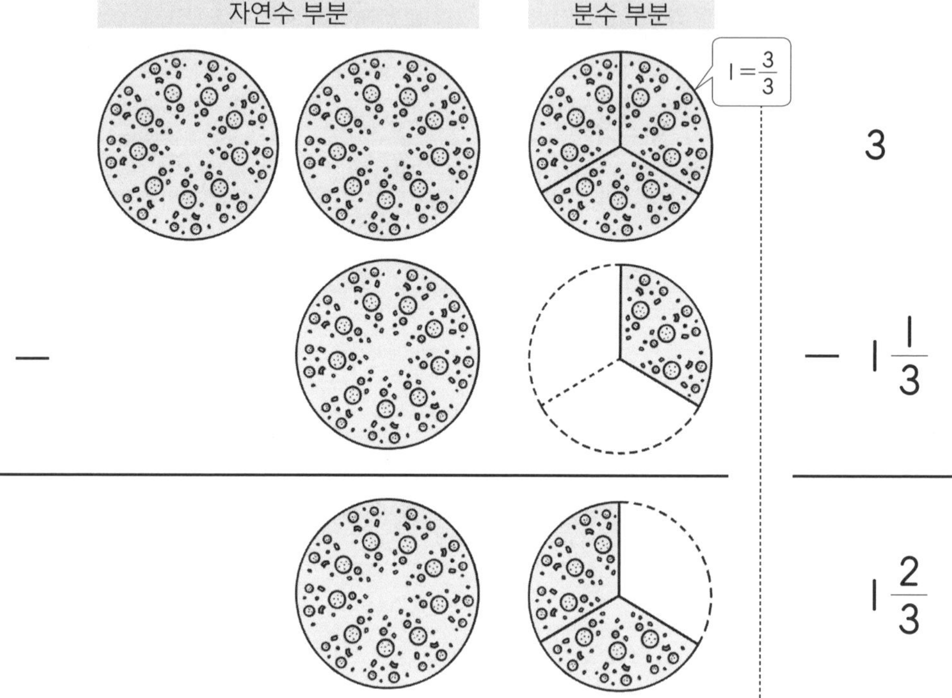

아니요. 1만큼만 분수로 바꾸어요.

· (자연수)−(대분수)는 자연수에서 1만큼을 가분수로 바꾸어요.

· 자연수는 자연수끼리, 분수는 분수끼리 계산해요.

$$3-1\frac{1}{3}=2\frac{3}{3}-1\frac{1}{3}=\underbrace{(2-1)}_{\text{자연수끼리}}+\underbrace{\left(\frac{3}{3}-\frac{1}{3}\right)}_{\text{분수끼리}}=1+\frac{2}{3}=1\frac{2}{3}$$

1만큼 가분수로 바꾸기

쏙쏙! OX 퀴즈

1. $3-1\frac{2}{3}$를 계산할 때 자연수 3에서 1만큼을 가분수로 바꿉니다. (　　)
2. $3-1\frac{2}{3}=2\frac{1}{3}$입니다. (　　)

정답 1.○ 2.×

자연수끼리의 계산 결과가 0이면 계산 결과에 0은 쓰지 않아요.

$2-1\frac{1}{3}=1\frac{3}{3}-1\frac{1}{3}=0\frac{2}{3}$ (×) $2-1\frac{1}{3}=1\frac{3}{3}-1\frac{1}{3}=\frac{2}{3}$ (○)

분수의 뺄셈을 하세요.

① $2-1\frac{2}{3}=1\frac{\square}{3}-1\frac{\square}{3}=\frac{\square}{3}$

② $2-1\frac{4}{5}=$

③ $3-1\frac{3}{7}=2\frac{\square}{\square}-1\frac{3}{7}=\square\frac{\square}{\square}$

④ $3-1\frac{5}{6}=$

⑤ $3-2\frac{1}{9}=$

⑥ $4-1\frac{8}{11}=$

⑦ $4-2\frac{1}{5}=$

⑧ $4-3\frac{4}{7}=$

⑨ $5-3\frac{1}{10}=$

⑩ $5-1\frac{1}{2}=$

⑪ $6-3\frac{6}{13}=$

⑫ $7-4\frac{11}{15}=$

$3-1\frac{1}{4}$에서 자연수 3을 모두 가분수로 바꾸어 계산하면
(가분수)−(대분수)의 계산이 되어 더 복잡해지겠죠?
3에서 1만큼만 가분수로 고쳐 계산하는 것이 좋아요.

24

분수의 뺄셈을 하세요.

① $3-1\frac{1}{4}=$

② $3-1\frac{2}{5}=$

③ $4-2\frac{5}{9}=$

④ $4-1\frac{7}{10}=$

⑤ $5-4\frac{1}{3}=$

⑥ $5-3\frac{6}{7}=$

⑦ $6-3\frac{1}{4}=$

⑧ $6-2\frac{5}{8}=$

⑨ $7-4\frac{2}{11}=$

⑩ $7-6\frac{1}{6}=$

⑪ $8-5\frac{7}{12}=$

⑫ $9-7\frac{1}{9}=$

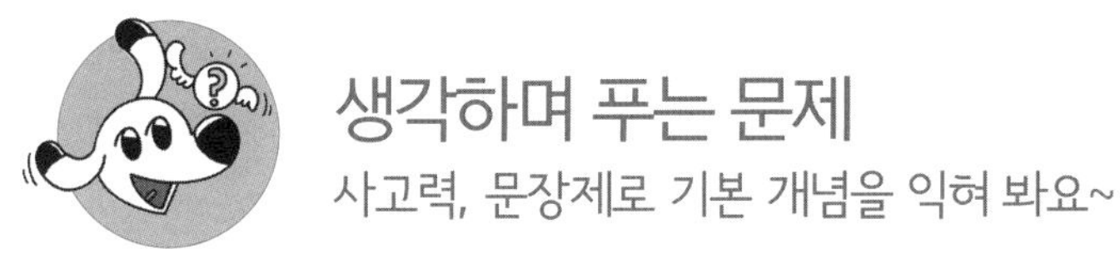

생각하며 푸는 문제

사고력, 문장제로 기본 개념을 익혀 봐요~

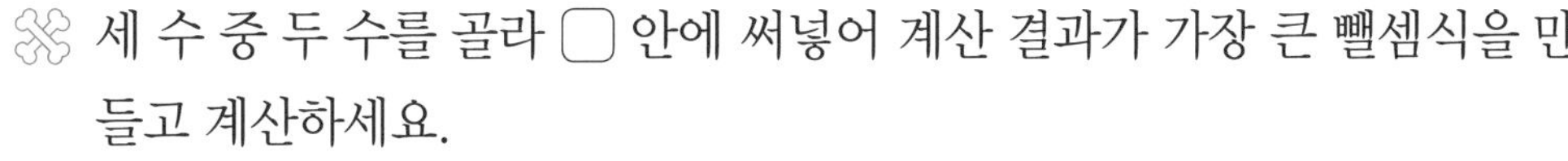

세 수 중 두 수를 골라 □ 안에 써넣어 계산 결과가 가장 큰 뺄셈식을 만들고 계산하세요.

계산 결과가 가장 큰 뺄셈식은 주어진 자연수에서 가장 작은 대분수를 빼면 돼요.

1. 2 3 4 ➡ $4-\square\frac{\square}{5}$

 ______

2. 2 4 6 ➡ $5-\square\frac{\square}{7}$

 ______

3. 6 8 9 ➡ $9-\square\frac{\square}{11}$

 ______

물음에 답하세요.

4. 5보다 $1\frac{2}{3}$만큼 작은 수는 얼마일까요?

 ______

5. 냉장고 안에 매실 음료가 3 L 있습니다. 빠독이네 가족이 $1\frac{4}{5}$ L를 마셨다면 남은 매실 음료의 양은 몇 L일까요?

 ______

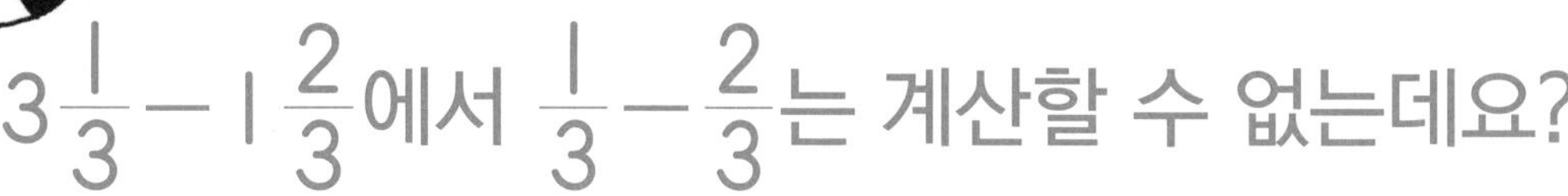

$3\frac{1}{3}-1\frac{2}{3}$에서 $\frac{1}{3}-\frac{2}{3}$는 계산할 수 없는데요?

대분수의 뺄셈에서 분수 부분끼리 뺄 수 없는 경우예요.

$3\frac{1}{3}$의 3에서 1만큼을 $\frac{3}{3}$으로 바꾸면 $3\frac{1}{3}$은 $2\frac{4}{3}$가 되어 분수 부분끼리 뺄 수 있어요.

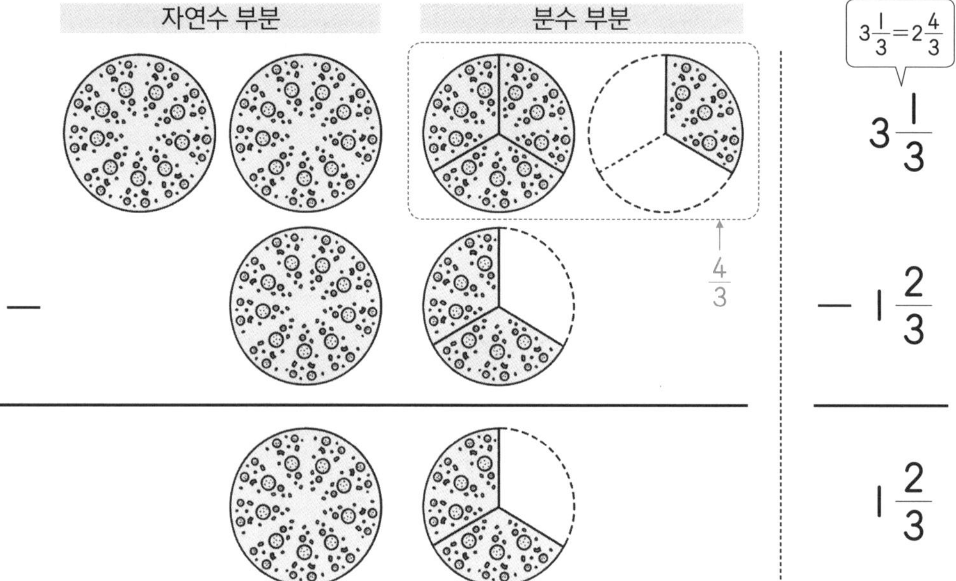

$3\frac{1}{3}$에서 1만큼을 가분수로 바꾸면 계산할 수 있어요.

· 대분수의 뺄셈에서 분수 부분끼리 뺄 수 없을 때는 자연수에서 1만큼을 가분수로 바꾸어 계산해요.

1만큼을 가분수로 바꾸기

$$3\frac{1}{3}-1\frac{2}{3}=2\frac{4}{3}-1\frac{2}{3}$$

$$=\underbrace{(2-1)}_{\text{자연수끼리}}+\underbrace{\left(\frac{4}{3}-\frac{2}{3}\right)}_{\text{분수끼리}}=1\frac{2}{3}$$

분수의 뺄셈을 하세요.

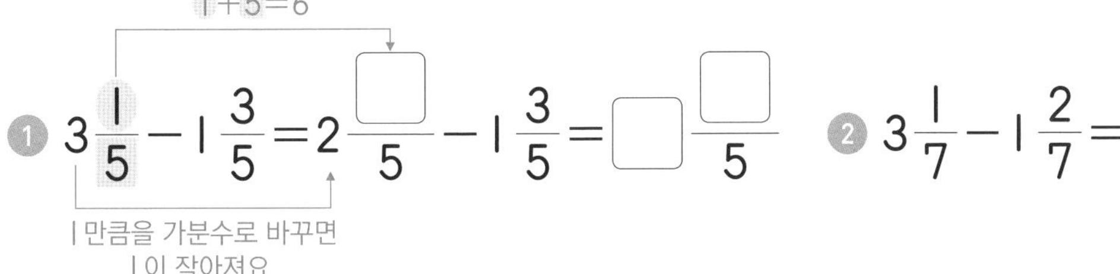

1+5=6
❶ $3\frac{1}{5}-1\frac{3}{5}=2\frac{\square}{5}-1\frac{3}{5}=\square\frac{\square}{5}$
1 만큼을 가분수로 바꾸면
1이 작아져요.

❷ $3\frac{1}{7}-1\frac{2}{7}=$

❸ $4\frac{2}{4}-1\frac{3}{4}=$

❹ $7\frac{3}{6}-5\frac{4}{6}=$

❺ $8\frac{2}{5}-2\frac{4}{5}=$

❻ $5\frac{4}{9}-3\frac{5}{9}=$

❼ $4\frac{2}{8}-2\frac{7}{8}=$

❽ $6\frac{3}{10}-1\frac{6}{10}=$

❾ $6\frac{5}{11}-3\frac{8}{11}=$

❿ $5\frac{4}{13}-2\frac{6}{13}=$

⓫ $5\frac{6}{15}-1\frac{14}{15}=$

⓬ $7\frac{2}{12}-3\frac{9}{12}=$

자연수에서 1만큼을 가분수로 바꾸는 과정에서 분모와 분자를 더한 수를 분자 위에 쓰면서 계산하면 계산 실수가 줄어요.

$\overset{3}{\cancel{4}}\frac{\overset{4}{\cancel{1}}}{3}-1\frac{2}{3}=2\frac{2}{3}$

25

분수의 뺄셈을 하세요.

① $5\frac{1}{3}-1\frac{2}{3}=$

② $6\frac{1}{5}-2\frac{4}{5}=$

③ $7\frac{1}{4}-2\frac{2}{4}=$

④ $5\frac{4}{7}-1\frac{6}{7}=$

⑤ $7\frac{1}{9}-4\frac{2}{9}=$

⑥ $3\frac{3}{9}-1\frac{5}{9}=$

⑦ $8\frac{6}{11}-5\frac{10}{11}=$

⑧ $5\frac{6}{10}-3\frac{7}{10}=$

⑨ $9\frac{4}{12}-5\frac{9}{12}=$

⑩ $4\frac{2}{14}-1\frac{7}{14}=$

⑪ $4\frac{8}{13}-2\frac{10}{13}=$

⑫ $6\frac{3}{15}-2\frac{11}{15}=$

생각하며 푸는 문제

사고력, 문장제로 기본 개념을 익혀 봐요~

3장의 분수 카드 중 2장을 골라 계산한 결과가 3에 가장 가까운 뺄셈식을 만들고 계산하세요.

받아내림이 있는 대분수의 뺄셈에서 계산 결과가 3에 가장 가까우려면 자연수 부분의 차가 4인 두 분수를 골라야 해요.

❶ 

뺄셈식 ______________________

❷ 

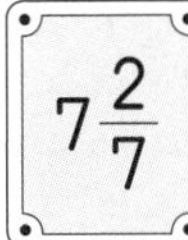

뺄셈식 ______________________

❸ 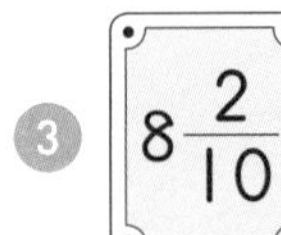

____

물음에 답하세요.

❹ 빵을 만드는 데 밀가루를 $5\frac{1}{3}$컵 사용하고 쿠키를 만드는 데 밀가루를 $3\frac{2}{3}$컵 사용하였습니다. 빵을 만드는 데 밀가루를 몇 컵 더 많이 사용하였을까요?

____

❺ 빠독이의 무게는 $7\frac{3}{8}$ kg이고 쁘냥이의 무게는 $5\frac{6}{8}$ kg입니다. 빠독이와 쁘냥이의 무게의 차는 몇 kg일까요?

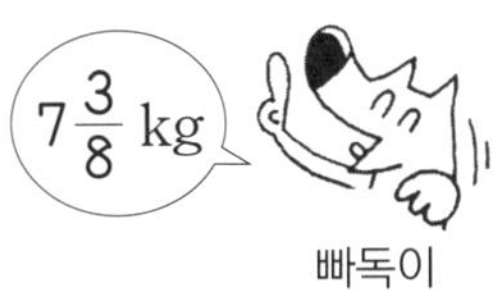

____

분수 부분끼리 뺄 수 없는 (대분수)−(분수)

$3\frac{2}{4}-\frac{3}{4}=3\frac{1}{4}$이 맞나요?

(대분수)−(진분수)에서 분수 부분끼리 뺄 수 없는 경우예요.

$3\frac{2}{4}$의 3에서 1만큼을 가분수 $\frac{4}{4}$로 바꾼 다음, 1을 뺀 자연수는 그대로 두고 분수 부분끼리 계산하면 돼요.

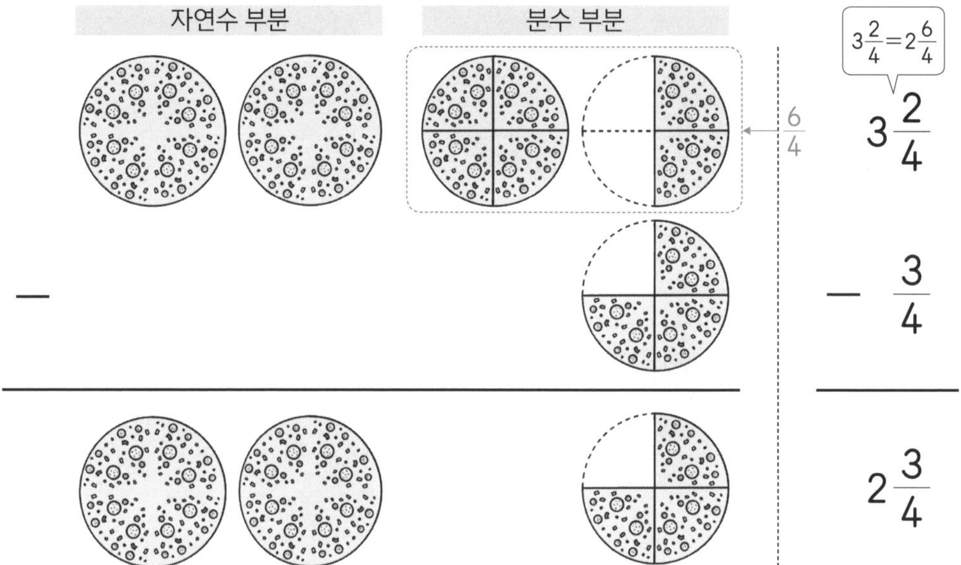

잠깐!

(대분수)−(가분수)에서 분수 부분끼리 뺄 수 없는 경우도 마찬가지예요.
자연수에서 1만큼을 가분수로 바꾸어 계산해요.

아니에요.
$2\frac{3}{4}$이 맞아요.

· 분수 부분끼리 뺄 수 없는 (대분수)−(진분수)

$$3\frac{2}{4}-\frac{3}{4}=2\frac{6}{4}-\frac{3}{4}=2+\left(\frac{6}{4}-\frac{3}{4}\right)=2\frac{3}{4}$$

1만큼을 가분수로 바꾸기 / 분수끼리

· 분수 부분끼리 뺄 수 없는 (대분수)−(가분수)

$$2\frac{2}{3}-\frac{4}{3}=1\frac{5}{3}-\frac{4}{3}=1+\left(\frac{5}{3}-\frac{4}{3}\right)=1\frac{1}{3}$$

1만큼을 가분수로 바꾸기 / 분수끼리

쓱쓱
풀자!

26

분수의 뺄셈을 하세요.

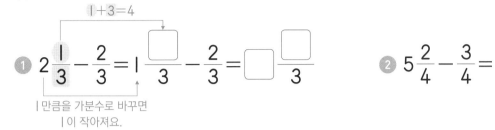

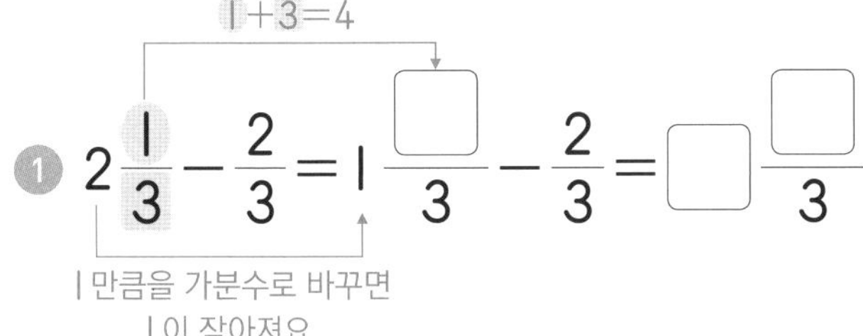

1+3=4
1만큼을 가분수로 바꾸면
1이 작아져요.

❶ $2\frac{1}{3}-\frac{2}{3}=1\frac{\square}{3}-\frac{2}{3}=\square\frac{\square}{3}$

❷ $5\frac{2}{4}-\frac{3}{4}=$

❸ $4\frac{1}{5}-\frac{3}{5}=$

❹ $7\frac{1}{7}-\frac{5}{7}=$

❺ $3\frac{2}{8}-\frac{7}{8}=$

❻ $6\frac{4}{9}-\frac{8}{9}=$

❼ $5\frac{8}{10}-\frac{9}{10}=$

❽ $4\frac{7}{11}-\frac{10}{11}=$

❾ $3\frac{4}{12}-\frac{9}{12}=$

❿ $5\frac{2}{13}-\frac{7}{13}=$

⓫ $7\frac{8}{14}-\frac{13}{14}=$

⓬ $6\frac{11}{17}-\frac{13}{17}=$

(대분수)－(분수)의 계산에서 계산 결과를 쓸 때
분수끼리의 결과만 쓰는 경우가 있어요.
1만큼 뺀 자연수도 꼭 써 줘요.

26

분수의 뺄셈을 하세요.

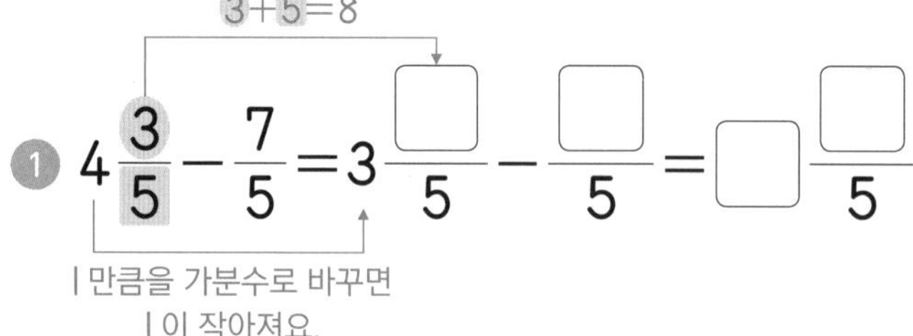

3+5=8
1만큼을 가분수로 바꾸면
1이 작아져요.

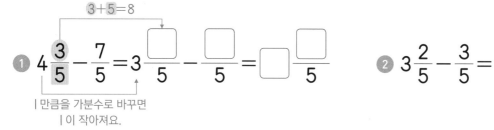

① $4\frac{3}{5}-\frac{7}{5}=3\frac{\square}{5}-\frac{\square}{5}=\square\frac{\square}{5}$

② $3\frac{2}{5}-\frac{3}{5}=$

③ $3\frac{3}{6}-\frac{8}{6}=$

④ $3\frac{5}{7}-\frac{10}{7}=$

⑤ $2\frac{4}{8}-\frac{5}{8}=$

⑥ $5\frac{4}{9}-\frac{11}{9}=$

⑦ $4\frac{7}{10}-\frac{14}{10}=$

⑧ $7\frac{5}{11}-\frac{13}{11}=$

⑨ $8\frac{7}{12}-\frac{14}{12}=$

⑩ $5\frac{7}{13}-\frac{15}{13}=$

⑪ $6\frac{7}{17}-\frac{20}{17}=$

⑫ $3\frac{11}{20}-\frac{22}{20}=$

생각하며 푸는 문제

사고력, 문장제로 기본 개념을 익혀 봐요~

나 색 테이프의 길이가 $3\frac{4}{7}$ m일 때 가 색 테이프의 길이는 몇 m인지 쓰세요.

❶ 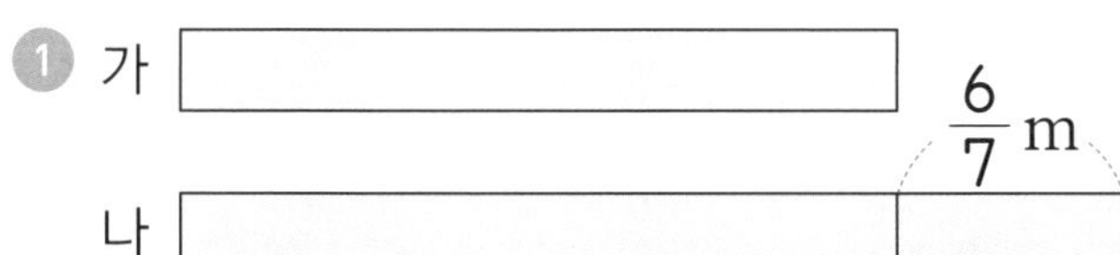

____

❷ 가

$\frac{10}{7}$ m

나

____

물음에 답하세요.

❸ 쁘냥이와 빠독이가 주어진 계산을 하였습니다. 누구의 계산 결과가 더 클까요?

____

❹ 쁘냥이는 $1\frac{2}{5}$시간 동안 공부했고, 빠독이는 $\frac{6}{5}$시간 동안 공부했습니다. 쁘냥이는 빠독이보다 몇 시간 더 많이 공부했을까요?

____

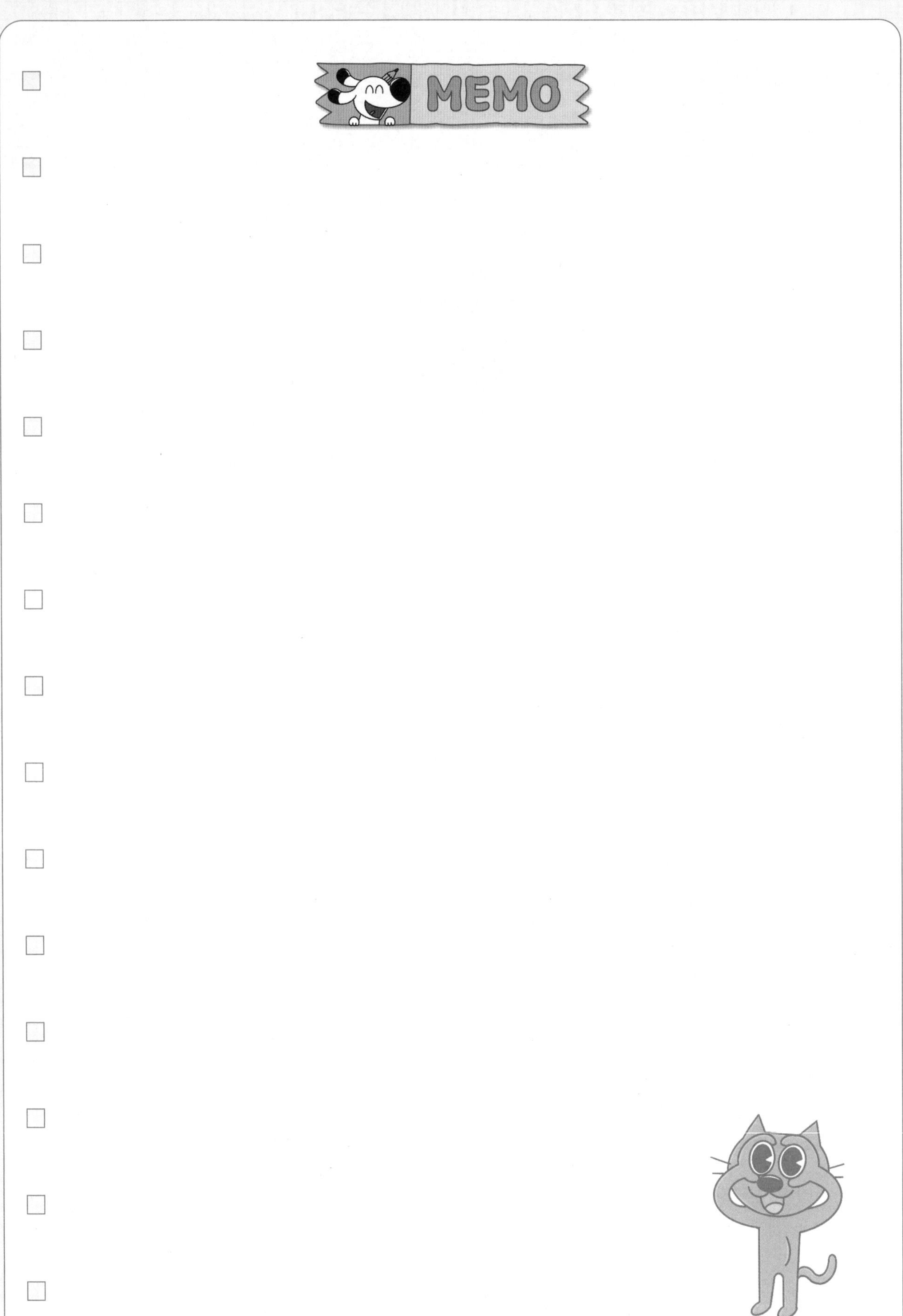
MEMO

초등 수학 공부, 이렇게 하면 효과적!

“펑펑 내려야 눈이 쌓이듯 공부도 집중해야 실력이 쌓인다!”

학교 다닐 때는? 학기별 연산책 ‘바빠 교과서 연산’

‘바빠 교과서 연산’부터 시작하세요. 학기별 진도에 딱 맞춘 쉬운 연산 책이니까요! 방학 동안 다음 학기 선행을 준비할 때도 ‘바빠 교과서 연산’으로 시작하세요! 교과서 순서대로 빠르게 공부할 수 있어, 첫 번째 수학 책으로 추천합니다.

시험이나 서술형 대비는? ‘나 혼자 푼다! 수학 문장제’

학교 시험을 대비하고 싶다면 ‘나 혼자 푼다! 수학 문장제’로 공부하세요. 너무 어렵지도 쉽지도 않은 딱 적당한 난이도로, 빈칸을 채우면 풀이 과정이 완성됩니다! 막막하지 않아요~ 요즘 학교 시험 풀이 과정을 손쉽게 연습할 수 있습니다.

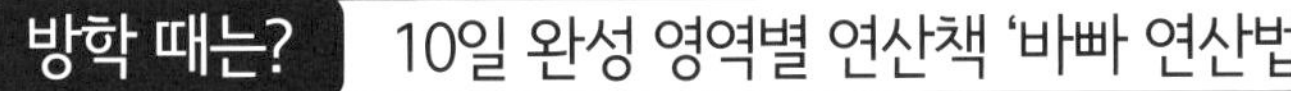

방학 때는? 10일 완성 영역별 연산책 ‘바빠 연산법’

내가 부족한 영역만 골라 보충할 수 있어요! 예를 들어 4학년인데 나눗셈이 어렵다면 나눗셈만, 분수가 어렵다면 분수만 골라 훈련하세요. 방학 때나 학습 결손이 생겼을 때, 취약한 연산 구멍을 빠르게 메꿀 수 있어요!

바빠 연산 영역 :
덧셈, 뺄셈, 구구단, 시계와 시간, 길이와 시간 계산, 곱셈, 나눗셈, 약수와 배수, 분수, 소수, 자연수의 혼합 계산, 분수와 소수의 혼합 계산, 평면도형 계산, 입체도형 계산, 비와 비례, 방정식, 확률과 통계

바빠 시리즈 초등 학년별 추천 도서

학년	학기별 연산책 바빠 교과서 연산 학기 중, 선행용으로 추천!	나 혼자 푼다! 수학 문장제 학교 시험 서술형 완벽 대비!
1학년	· 바쁜 1학년을 위한 빠른 **교과서 연산 1-1** · 바쁜 1학년을 위한 빠른 **교과서 연산 1-2**	· 나 혼자 푼다! **수학 문장제 1-1** · 나 혼자 푼다! **수학 문장제 1-2**
2학년	· 바쁜 2학년을 위한 빠른 **교과서 연산 2-1** · 바쁜 2학년을 위한 빠른 **교과서 연산 2-2**	· 나 혼자 푼다! **수학 문장제 2-1** · 나 혼자 푼다! **수학 문장제 2-2**
3학년	· 바쁜 3학년을 위한 빠른 **교과서 연산 3-1** · 바쁜 3학년을 위한 빠른 **교과서 연산 3-2**	· 나 혼자 푼다! **수학 문장제 3-1** · 나 혼자 푼다! **수학 문장제 3-2**
4학년	· 바쁜 4학년을 위한 빠른 **교과서 연산 4-1** · 바쁜 4학년을 위한 빠른 **교과서 연산 4-2**	· 나 혼자 푼다! **수학 문장제 4-1** · 나 혼자 푼다! **수학 문장제 4-2**
5학년	· 바쁜 5학년을 위한 빠른 **교과서 연산 5-1** · 바쁜 5학년을 위한 빠른 **교과서 연산 5-2**	· 나 혼자 푼다! **수학 문장제 5-1** · 나 혼자 푼다! **수학 문장제 5-2**
6학년	· 바쁜 6학년을 위한 빠른 **교과서 연산 6-1** · 바쁜 6학년을 위한 빠른 **교과서 연산 6-2**	· 나 혼자 푼다! **수학 문장제 6-1** · 나 혼자 푼다! **수학 문장제 6-2**

10일에 완성하는 영역별 연산 총정리

바빠
연산법
시리즈

징검다리 교육연구소, 강난영 지음

바쁜 3·4학년을 위한 빠른 분수

정답 및 풀이

개념 이해부터
연산 훈련까지!

한 권으로 총정리!

- 분수 알아보기
- 분수의 크기 비교
- 분수의 덧셈과 뺄셈

4학년 필독서

이지스에듀

흩어져 배우는
분수를
한 권으로!
바쁜 3·4학년을 위한 빠른 분수
WOW

바쁜 3·4학년을 위한 빠른 분수

정답 및 풀이

맨날 노는데
수학 잘하는 너!
도대체 비결이
뭐야?

① 정답을 확인한 후 틀린 문제는 ☆표를 쳐 놓으세요~.
② 그런 다음 연습장에 틀린 문제를 옮겨 적으세요.
③ 그리고 그 문제들만 한 번 더 풀어 보세요.

시간은 얼마 걸리지 않아요. 그러나 이때 실력이 확 붙는 거예요.
아는 문제를 여러 번 다시 푸는 건 시간 낭비예요.
내가 틀린 문제만 모아서 풀면 아무리 바쁘더라도
수학 실력을 키울 수 있어요!

정답 ➡

첫째 마당 · 분수는 어떤 수일까?

01단계 ▶▶ 11쪽

① × ② × ③ ○
④ ○ ⑤ × ⑥ ○
⑦ × ⑧ × ⑨ ○
⑩ ○ ⑪ ○ ⑫ ×

01단계 ▶▶ 12쪽

① 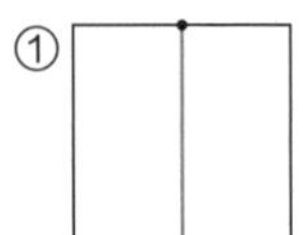
② 
③ 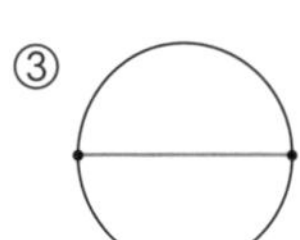
④ 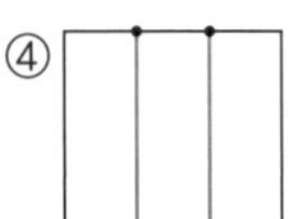
⑤ 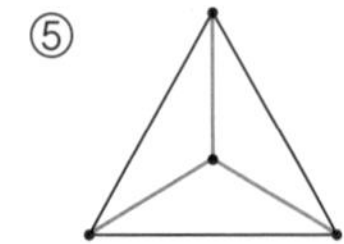
⑥ 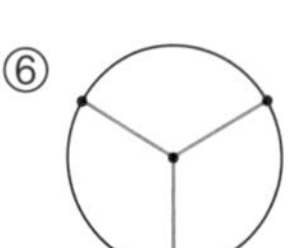
⑦ 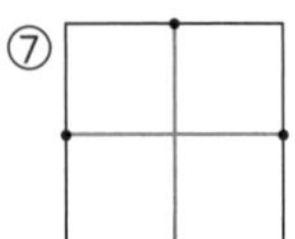
⑧ 
⑨ 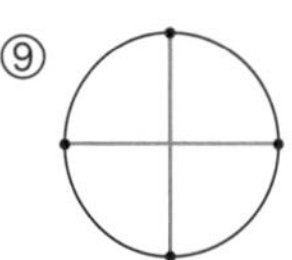
⑩ 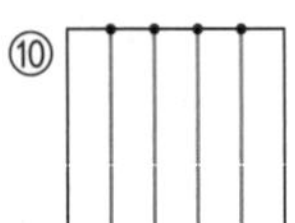
⑪ 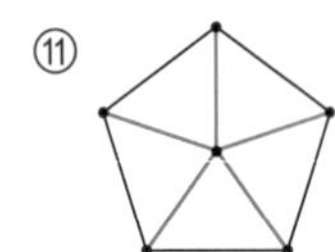
⑫ 

01단계 ▶▶ 13쪽

① × ② × ③ ○
④ × ⑤ × ⑥ ○

⑦ 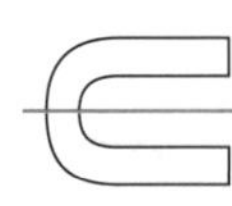 

⑧ 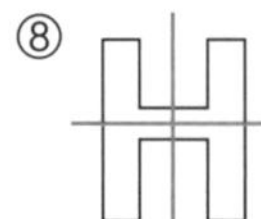  

02단계 ▶▶ 15쪽

① 2, 1 ② 4, 1
③ 6, 5 ④ 9, 4
⑤ 8, 3 ⑥ 10, 7
⑦ 16, 11 ⑧ 25, 16

02단계 ▶▶ 16쪽

 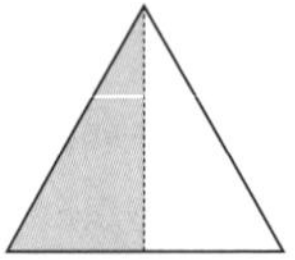

 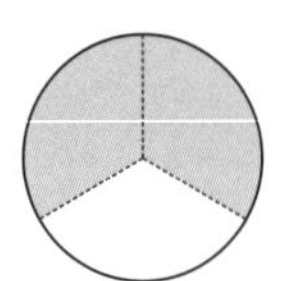

③ 예 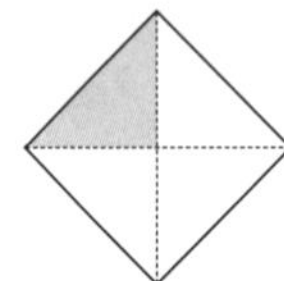

④ 예 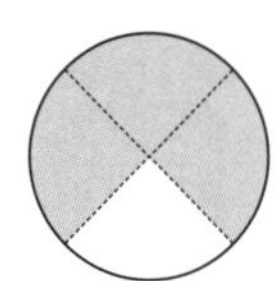

⑤ 예 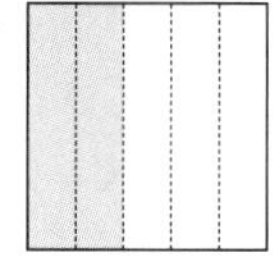

⑥ 예 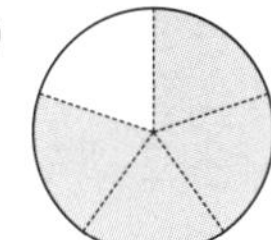

⑦ 예 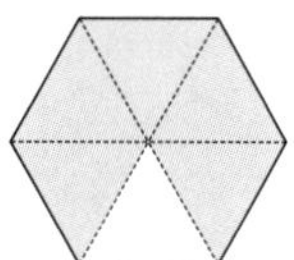

⑧ 예 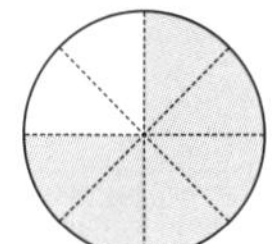

02단계 ▸▸ 17쪽

① 5, 3
② 6, 5
③ 5로 나눈 것 중의 4
④ 8로 나눈 것 중의 3
⑤ 6으로 나눈 것 중의 4
⑥ 전체를 똑같이 5로 나눈 것 중의 2

03단계 ▸▸ 19쪽

① $\frac{3}{4}$에 ○표
② $\frac{4}{6}$에 ○표
③ $\frac{2}{3}$에 ○표
④ $\frac{2}{6}$에 ○표
⑤ $\frac{5}{7}$에 ○표
⑥ $\frac{3}{8}$에 ○표
⑦ $\frac{7}{10}$에 ○표
⑧ $\frac{6}{12}$에 ○표

03단계 ▸▸ 20쪽

① 2
② $\frac{3}{4}$
③ $\frac{2}{3}$
④ $\frac{1}{5}$
⑤ $\frac{5}{8}$
⑥ $\frac{3}{10}$
⑦ $\frac{4}{9}$
⑧ $\frac{7}{12}$

03단계 ▸▸ 21쪽

① 2, 1
② 5, 3
③ 4, 3
④ 6, 5
⑤ 7, 1
⑥ 7, 4
⑦ 8, 5
⑧ 9, 8
⑨ 9, 2
⑩ 10, 9

03단계 ▸▸ 22쪽

① $\frac{1}{2}$
② $\frac{3}{4}$
③ $\frac{5}{6}$
④ $\frac{2}{5}$
⑤ $\frac{4}{8}$
⑥ $\frac{6}{8}$
⑦ $\frac{3}{8}$
⑧ $\frac{5}{6}$

정답 ➡

04단계 ▸▸ 24쪽

① $\frac{1}{3}$ ② $\frac{2}{3}$
③ $\frac{2}{5}$ ④ $\frac{4}{6}$
⑤ $\frac{5}{7}$ ⑥ $\frac{3}{7}$
⑦ $\frac{7}{8}$ ⑧ $\frac{5}{9}$

4단계 ▸▸ 25쪽

① 1 ② 3
③ 2 ④ 3
⑤ 5 ⑥ 4
⑦ 3 ⑧ 7

04단계 ▸▸ 26쪽

① 2 ② 1
③ 2 ④ 5
⑤ 3 ⑥ 5
⑦ 1 ⑧ 7
⑨ 3 ⑩ 6

04단계 ▸▸ 27쪽

① $\frac{1}{3}$, $\frac{2}{3}$ ② $\frac{5}{6}$, $\frac{1}{6}$
③ $\frac{8}{9}$, $\frac{1}{9}$ ④ $\frac{3}{7}$
⑤ $\frac{4}{7}$

풀이 ④ 먹은 도넛 3개는 전체 7개의 $\frac{3}{7}$입니다.
⑤ 남은 도넛 4개는 전체 7개의 $\frac{4}{7}$입니다.

05단계 ▸▸ 29쪽

① 3, 1 / $\frac{1}{3}$ ② 4, 3 / $\frac{3}{4}$
③ 5, 1 / $\frac{1}{5}$ ④ 5, 4 / $\frac{4}{5}$
⑤ 6, 5 / $\frac{5}{6}$ ⑥ 8, 3 / $\frac{3}{8}$

05단계 ▸▸ 30쪽

① $\frac{1}{2}$ ② $\frac{2}{3}$
③ $\frac{2}{3}$ ④ $\frac{1}{4}$
⑤ $\frac{3}{4}$ ⑥ $\frac{1}{3}$
⑦ $\frac{1}{6}$ ⑧ $\frac{4}{5}$

05단계 ▸▸ 31쪽

① $\frac{1}{2}$ ② $\frac{1}{4}$ ③ $\frac{1}{5}$
④ $\frac{1}{3}$ ⑤ $\frac{1}{4}$

풀이 ① 20을 10씩 묶으면 2묶음이 됩니다.
10은 2묶음 중 1묶음이므로 20의 $\frac{1}{2}$입니다.

② 20을 5씩 묶으면 4묶음이 됩니다.
5는 4묶음 중 1묶음이므로 20의 $\frac{1}{4}$입니다.

③ 20을 4씩 묶으면 5묶음이 됩니다.
4는 5묶음 중 1묶음이므로 20의 $\frac{1}{5}$입니다.

④ 과자 18개를 똑같이 3묶음으로 나눈 것 중 1묶음을 먹었으므로 먹은 과자는 전체의 $\frac{1}{3}$입니다.

⑤ 구슬 12개를 3개씩 묶으면 4묶음이 됩니다.
3은 4묶음 중 1묶음이므로 전체의 $\frac{1}{4}$입니다.

06단계 ▸▸ 33쪽

① 4	② 2
③ 6	④ 3
⑤ 9	⑥ 10
⑦ 8	⑧ 15

06단계 ▸▸ 34쪽

① 3	② 2
③ 6	④ 3
⑤ 6	⑥ 6
⑦ 12	⑧ 9
⑨ 8	⑩ 16

06단계 ▸▸ 35쪽

①
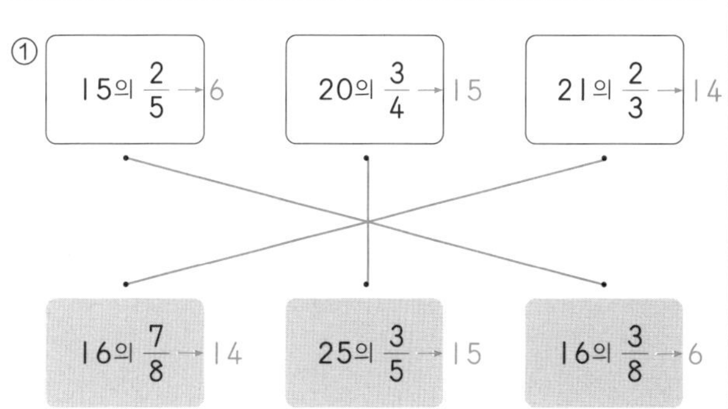

② 9마리　　③ 9마리

풀이 ② 생선 12마리의 $\frac{3}{4}$은 12마리를 4묶음으로 똑같이 나눈 것 중의 3묶음이므로 9마리입니다.
③ 원숭이 27마리의 $\frac{1}{3}$은 27마리를 3묶음으로 똑같이 나눈 것 중의 1묶음이므로 9마리입니다.

07단계 ▸▸ 37쪽

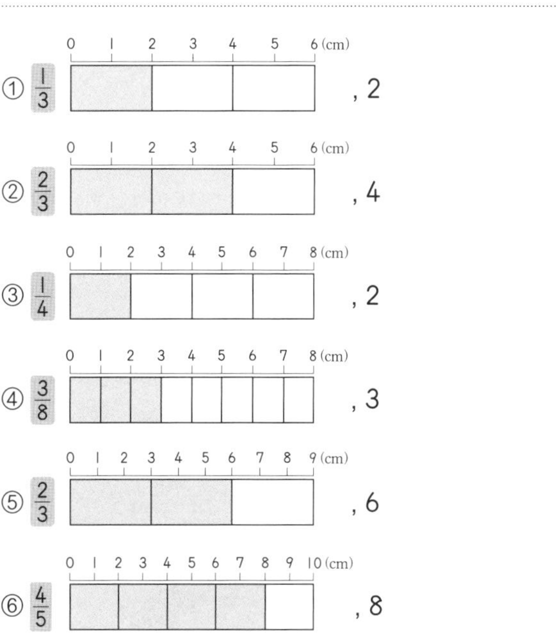

정답 ➡

07단계 ▸▸ 38쪽

① 2　② 2
③ 12　④ 9
⑤ 6　⑥ 6
⑦ 10　⑧ 15
⑨ 16　⑩ 24

07단계 ▸▸ 39쪽

①
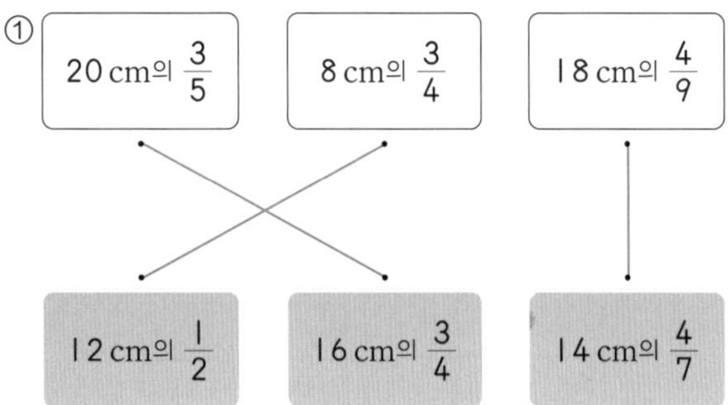

② 15 cm　③ 12 m

풀이 ① 20 cm의 $\frac{3}{5}$ → 12 cm

8 cm의 $\frac{3}{4}$ → 6 cm

18 cm의 $\frac{4}{9}$ → 8 cm

12 cm의 $\frac{1}{2}$ → 6 cm

16 cm의 $\frac{3}{4}$ → 12 cm

14 cm의 $\frac{4}{7}$ → 8 cm

② 25 cm의 $\frac{3}{5}$은 25 cm를 똑같이 5로 나눈 것 중의 3이므로 15 cm입니다.

③ 42 m의 $\frac{2}{7}$는 42 m를 똑같이 7로 나눈 것 중의 2이므로 12 m입니다.

둘째 마당 · 분수의 종류, 분수의 크기 비교

08단계 ▸▸ 43쪽

① 예 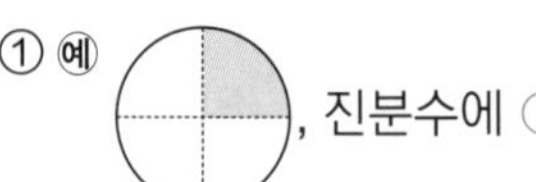, 진분수에 ○표

② 예 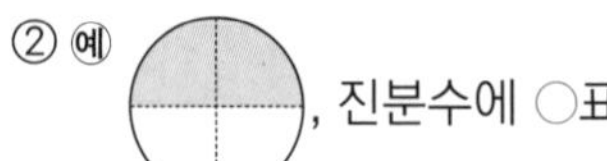, 진분수에 ○표

③ 예 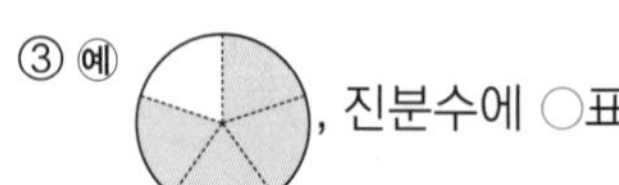, 진분수에 ○표

④ 예 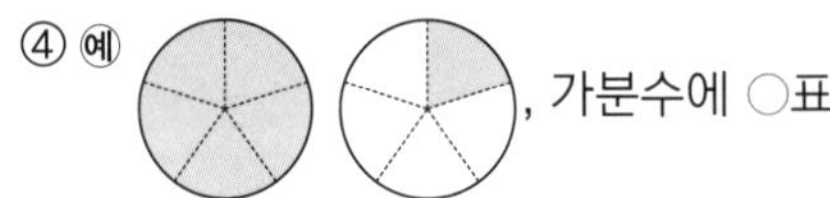, 가분수에 ○표

⑤ 예 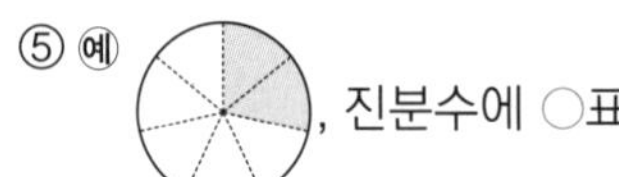, 진분수에 ○표

⑥ 예 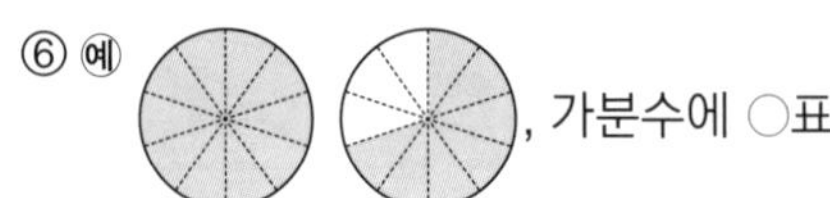, 가분수에 ○표

⑦ , 가분수에 ○표

⑧ 예 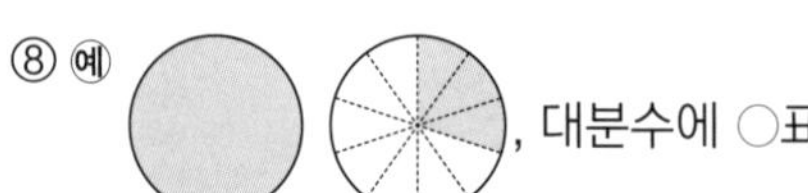, 대분수에 ○표

08단계 ▸▸ 44쪽

① $\frac{1}{5}$, $\frac{2}{5}$, $\frac{3}{5}$, $\frac{4}{5}$에 ○표　② $\frac{4}{7}$, $\frac{5}{6}$에 ○표

③ $\frac{3}{3}$, $\frac{4}{3}$, $\frac{5}{3}$에 ○표　④ $\frac{11}{10}$, $\frac{8}{5}$, $\frac{5}{3}$에 ○표

⑤ $1\frac{5}{7}$, $9\frac{2}{9}$에 ○표　⑥ $4\frac{2}{3}$, $1\frac{5}{9}$에 ○표

⑦ $1\frac{1}{4}$, $1\frac{2}{3}$에 ○표　⑧ 7, 25에 ○표

08단계 ▸▸ 45쪽

① 1, 2, 3에 ○표　② 5, 6에 ○표

③ 9, 10에 ○표　④ 6, 8, 10에 ○표

⑤ $\frac{1}{5}$, $\frac{2}{5}$, $\frac{3}{5}$, $\frac{4}{5}$　⑥ $3\frac{1}{4}$, $3\frac{2}{4}$, $3\frac{3}{4}$

09단계 ▸▸ 47쪽

① $\frac{4}{3}$　② $\frac{11}{5}$

③ $\frac{15}{4}$　④ $\frac{19}{6}$

⑤ $\frac{10}{9}$　⑥ $\frac{17}{7}$

⑦ $\frac{25}{8}$　⑧ $\frac{14}{3}$

⑨ $\frac{38}{5}$　⑩ $\frac{17}{2}$

⑪ $\frac{19}{11}$　⑫ $\frac{23}{10}$

09단계 ▸▸ 48쪽

① $1\frac{1}{2}$　② $1\frac{2}{3}$

③ $1\frac{1}{6}$　④ $2\frac{3}{4}$

⑤ $9\frac{1}{2}$　⑥ $3\frac{1}{5}$

⑦ $2\frac{6}{7}$　⑧ $3\frac{1}{3}$

⑨ $1\frac{4}{9}$　⑩ $2\frac{9}{10}$

⑪ $2\frac{10}{11}$　⑫ $4\frac{5}{8}$

09단계 ▸▸ 49쪽

①

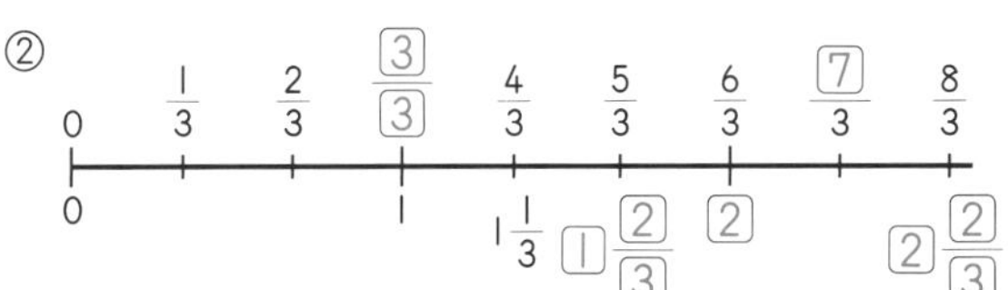

②

③ $\frac{9}{2}$, $4\frac{1}{2}$　④ $3\frac{5}{7}$, $\frac{26}{7}$

풀이 ③ 가분수이므로 분자에 큰 수 9를 놓고, 분모에 작은 수 2를 놓습니다.

$\frac{9}{2}$ → $\frac{8}{2}$과 $\frac{1}{2}$ → 4와 $\frac{1}{2}$ → $4\frac{1}{2}$

④ 자연수 부분에 3을 놓고 나머지 5와 7로 진분수를 만듭니다.

$3\frac{5}{7}$ → 3과 $\frac{5}{7}$ → $\frac{21}{7}$과 $\frac{5}{7}$ → $\frac{26}{7}$

정답 ➡

10단계 ▶▶ 51쪽

① 예
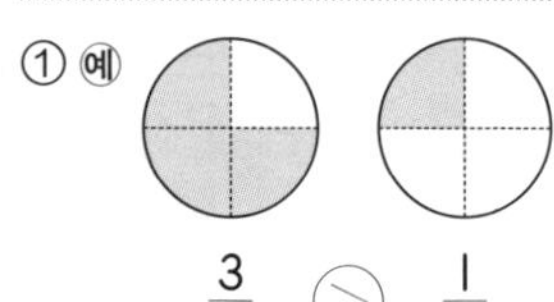
$\frac{3}{4}$ ⃝> $\frac{1}{4}$

② 예
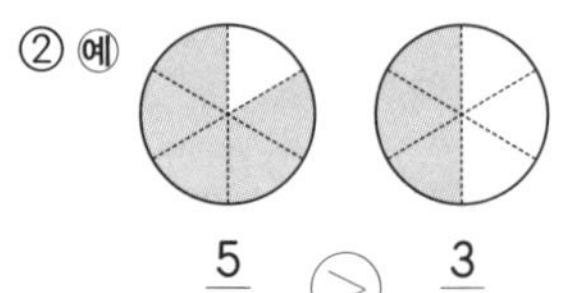
$\frac{5}{6}$ ⃝> $\frac{3}{6}$

③ 예
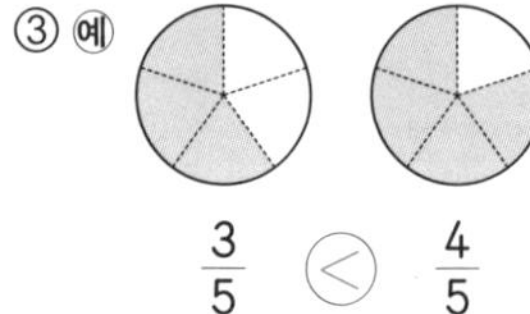
$\frac{3}{5}$ ⃝< $\frac{4}{5}$

④ 예
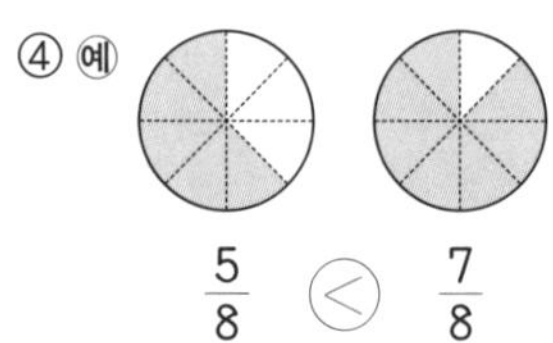
$\frac{5}{8}$ ⃝< $\frac{7}{8}$

⑤ 예
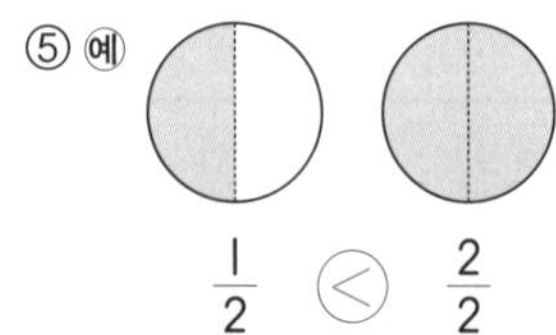
$\frac{1}{2}$ ⃝< $\frac{2}{2}$

⑥ 예
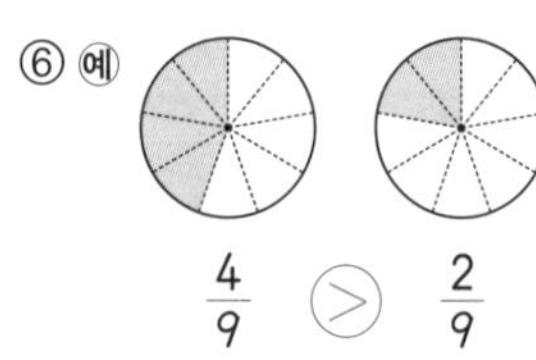
$\frac{4}{9}$ ⃝> $\frac{2}{9}$

⑦ 예
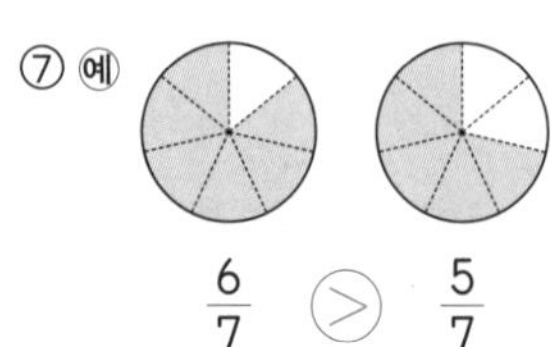
$\frac{6}{7}$ ⃝> $\frac{5}{7}$

⑧ 예
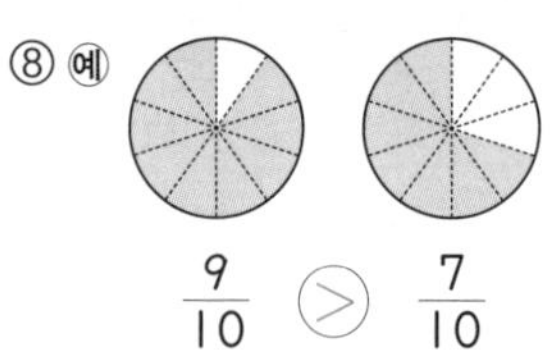
$\frac{9}{10}$ ⃝> $\frac{7}{10}$

10단계 ▶▶ 52쪽

① <	② >
③ >	④ <
⑤ >	⑥ <
⑦ <	⑧ <
⑨ >	⑩ <
⑪ <	⑫ >

10단계 ▶▶ 53쪽

① 1, 2, 3에 ○표	② 7, 8에 ○표
③ 7, 9에 ○표	④ 6, 8, 10에 ○표
⑤ 장난감 가게	⑥ 빠독

11단계 ▶▶ 55쪽

① <	② >
③ >	④ <
⑤ =	⑥ <
⑦ >	⑧ =
⑨ <	⑩ <
⑪ >	⑫ >

11단계 ▸▸ 56쪽

① $<$　② $<$
③ $<$　④ $>$
⑤ $=$　⑥ $>$
⑦ $<$　⑧ $=$
⑨ $<$　⑩ $=$
⑪ $<$　⑫ $>$

11단계 ▸▸ 57쪽

① $\frac{19}{7}$, $2\frac{1}{7}$, $1\frac{6}{7}$

② $\frac{41}{10}$, $3\frac{9}{10}$, $\frac{29}{10}$

③ $\frac{23}{11}$, $1\frac{10}{11}$, $1\frac{7}{11}$

④ 쁘냥

⑤ 빠독

풀이 ④ $2\frac{2}{3}=\frac{8}{3}$이므로 $\frac{7}{3}<2\frac{2}{3}$입니다.

⑤ $\frac{17}{5}=3\frac{2}{5}$이므로 $3\frac{4}{5}>\frac{17}{5}$입니다.

12단계 ▸▸ 59쪽

① 예 $\frac{1}{2}$ $>$ $\frac{1}{4}$

② 예
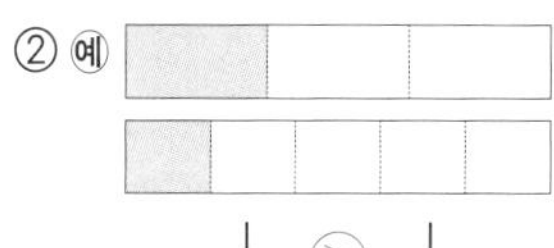
$\frac{1}{3}$ $>$ $\frac{1}{5}$

③ 예 $\frac{1}{4}$ $<$ $\frac{1}{3}$

④ 예
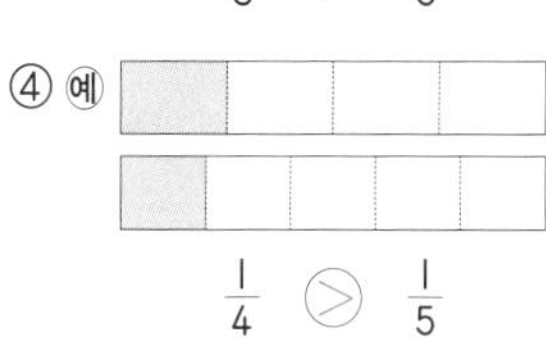
$\frac{1}{4}$ $>$ $\frac{1}{5}$

⑤ 예
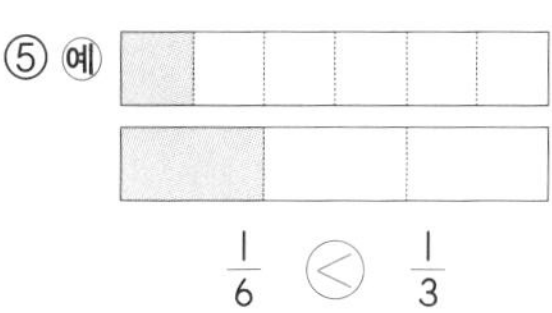
$\frac{1}{6}$ $<$ $\frac{1}{3}$

⑥ 예
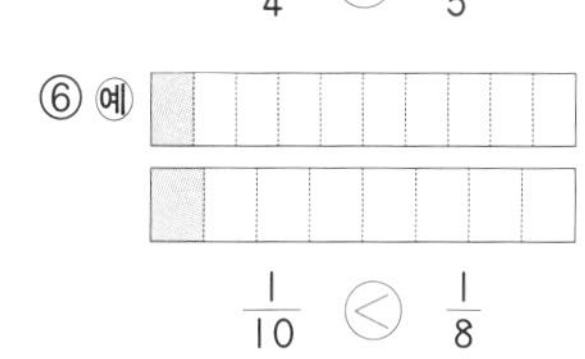
$\frac{1}{10}$ $<$ $\frac{1}{8}$

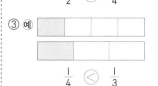

12단계 ▸▸ 60쪽

① $>$　② $<$
③ $>$　④ $>$
⑤ $>$　⑥ $<$
⑦ $<$　⑧ $>$
⑨ $<$　⑩ $<$
⑪ $<$　⑫ $>$

12단계 ▸▸ 61쪽

① $\frac{1}{2}>\frac{1}{3}$　② $\frac{1}{3}>\frac{1}{5}$　③ $\frac{1}{4}>\frac{1}{6}$

④ 빠독　⑤ 쁘냥

정답 ➡

셋째 마당 · 분모가 같은 분수의 덧셈

13단계 ▶▶ 65쪽

① $\frac{3}{4}$　② $\frac{5}{6}$

③ $\frac{7}{8}$　④ $\frac{8}{9}$

⑤ $\frac{2}{5}$, $\frac{2}{5}$, $\frac{4}{5}$　⑥ $\frac{2}{8}$, $\frac{3}{8}$, $\frac{5}{8}$

13단계 ▶▶ 66쪽

① 1, 1, 2　② $\frac{2}{5}$

③ $\frac{3}{4}$　④ $\frac{5}{6}$

⑤ $\frac{5}{7}$　⑥ $\frac{4}{5}$

⑦ $\frac{7}{8}$　⑧ $\frac{8}{9}$

⑨ $\frac{10}{11}$　⑩ $\frac{13}{15}$

⑪ $\frac{11}{13}$　⑫ $\frac{15}{17}$

13단계 ▶▶ 67쪽

① 1, 2, 3 / 1, 2, 3　② 4, 2, 6 / 4, 2, $\frac{6}{7}$

③ $\frac{5}{8}$　④ $\frac{4}{5}$ L

풀이 ③ $\frac{3}{8}+\frac{2}{8}=\frac{5}{8}$

④ (오늘 마신 물의 양)$=\frac{3}{5}+\frac{1}{5}$

$=\frac{4}{5}$ (L)

14단계 ▶▶ 69쪽

① 1, 2 / 3, 1　② 4, 3 / 7, $1\frac{1}{6}$

③ 4, 1　④ 11, $1\frac{2}{9}$

⑤ $1\frac{1}{5}$　⑥ $1\frac{2}{8}$

14단계 ▶▶ 70쪽

① 3, 1, 4, 1　② 4, $1\frac{1}{3}$

③ $1\frac{2}{5}$　④ $1\frac{4}{9}$

⑤ $1\frac{4}{7}$　⑥ $1\frac{3}{10}$

⑦ 1　⑧ 1

⑨ $1\frac{7}{13}$　⑩ $1\frac{1}{12}$

⑪ $1\frac{2}{15}$　⑫ $1\frac{13}{17}$

14단계 ▸▸ 71쪽

① 2, 3, 5 / 2, 3, 1, 1　② 4, 4, 8 / 4, 4, $1\frac{3}{5}$

③ $1\frac{1}{6}$　④ $1\frac{1}{5}$ m

풀이 ③ $\frac{1}{6}$이 3개인 수 → $\frac{3}{6}$

$\frac{1}{6}$이 4개인 수 → $\frac{4}{6}$

➡ $\frac{3}{6}+\frac{4}{6}=\frac{7}{6}=1\frac{1}{6}$

④ (빠독이와 쁘냥이가 사용한 끈의 길이)

=(빠독이가 사용한 끈의 길이)

+(쁘냥이가 사용한 끈의 길이)

$=\frac{2}{5}+\frac{4}{5}=\frac{6}{5}=1\frac{1}{5}$ (m)

15단계 ▸▸ 73쪽

① 3, 2, 3, 2　② $3\frac{3}{5}$

③ $2\frac{5}{6}$　④ $4\frac{6}{7}$

⑤ $2\frac{5}{9}$　⑥ $6\frac{9}{10}$

⑦ $3\frac{5}{11}$　⑧ $4\frac{7}{12}$

⑨ $4\frac{12}{13}$　⑩ $3\frac{13}{16}$

⑪ $5\frac{11}{15}$　⑫ $4\frac{12}{17}$

15단계 ▸▸ 74쪽

① $5\frac{3}{4}$　② $3\frac{2}{5}$

③ $6\frac{5}{6}$　④ $2\frac{6}{7}$

⑤ $5\frac{5}{8}$　⑥ $4\frac{7}{9}$

⑦ $6\frac{7}{10}$　⑧ $3\frac{9}{11}$

⑨ $4\frac{11}{12}$　⑩ $2\frac{11}{13}$

⑪ $4\frac{11}{18}$　⑫ $7\frac{15}{19}$

15단계 ▸▸ 75쪽

① 1, 2, 3　② 1, 2, 3, 4, 5

③ $6\frac{5}{6}$ L　④ $3\frac{5}{8}$ kg

풀이 ③ (어항에 부은 전체 물의 양)

=(처음에 부은 물의 양)+(더 부은 물의 양)

$=4\frac{3}{6}+2\frac{2}{6}=6\frac{5}{6}$ (L)

④ (쁘냥이가 일주일 동안 먹는 사료와 간식의 무게)

=(사료의 무게)+(간식의 무게)

$=2\frac{1}{8}+1\frac{4}{8}=3\frac{5}{8}$ (kg)

정답 ➡

16단계 ▶▶ 77쪽

① 5, 10, 15 / 3, 3 ② $6\frac{4}{5}$

③ $3\frac{5}{6}$ ④ $2\frac{3}{7}$

⑤ $2\frac{5}{8}$ ⑥ $4\frac{5}{7}$

⑦ $5\frac{8}{9}$ ⑧ $4\frac{5}{9}$

⑨ $5\frac{9}{10}$ ⑩ $6\frac{7}{12}$

⑪ $5\frac{2}{11}$ ⑫ $3\frac{9}{13}$

16단계 ▶▶ 78쪽

① $4\frac{3}{4}$ ② $3\frac{2}{3}$

③ $5\frac{5}{6}$ ④ $2\frac{5}{7}$

⑤ $4\frac{3}{5}$ ⑥ $3\frac{5}{8}$

⑦ $2\frac{5}{9}$ ⑧ $4\frac{3}{10}$

⑨ $4\frac{6}{11}$ ⑩ $2\frac{11}{12}$

⑪ $4\frac{10}{13}$ ⑫ $4\frac{4}{15}$

16단계 ▶▶ 79쪽

① 6, 7, 13 / 6, 7, 13, 2, 3

② 10, 7, 17 / 10, 7, 17, $2\frac{5}{6}$

③ $4\frac{2}{5}$ L

④ $3\frac{3}{4}$시간

풀이 ③ (이틀 동안 쁘냥이네 집에 배달된 우유의 양)

$=2\frac{1}{5}+2\frac{1}{5}=4\frac{2}{5}$ (L)

④ (게임을 한 시간)+(축구를 한 시간)

$=1\frac{1}{4}+2\frac{2}{4}=3\frac{3}{4}$(시간)

17단계 ▶▶ 81쪽

① 1, 1 / 4, 1 ② $3\frac{2}{5}$

③ $6\frac{1}{7}$ ④ $4\frac{1}{6}$

⑤ $5\frac{3}{8}$ ⑥ $4\frac{2}{9}$

⑦ $5\frac{3}{10}$ ⑧ $5\frac{4}{11}$

⑨ $7\frac{1}{12}$ ⑩ $9\frac{8}{13}$

⑪ $6\frac{3}{14}$ ⑫ $8\frac{7}{15}$

17단계 ▸▸ 82쪽

① $3\frac{2}{5}$ ② $4\frac{1}{4}$ ③ $5\frac{1}{6}$ ④ $4\frac{3}{7}$ ⑤ $5\frac{5}{8}$ ⑥ $6\frac{2}{9}$ ⑦ $6\frac{7}{10}$ ⑧ $7\frac{7}{11}$ ⑨ $8\frac{5}{12}$ ⑩ $8\frac{2}{13}$ ⑪ $7\frac{2}{11}$ ⑫ $6\frac{5}{14}$

17단계 ▸▸ 83쪽

① 3, 2 / $5\frac{1}{4}$ ② 5, 4 / $8\frac{1}{6}$ ③ 7, 6 / $9\frac{5}{11}$ ④ $4\frac{3}{10}$ L ⑤ $6\frac{2}{5}$ kg

풀이 ④ (병에 들어 있는 설탕물의 양)
=(처음에 들어 있던 설탕물의 양)
+(더 담은 설탕물의 양)
$=2\frac{4}{10}+1\frac{9}{10}=3\frac{13}{10}=4\frac{3}{10}$ (L)

⑤ (책 꾸러미가 든 가방의 무게)
=(처음에 든 가방의 무게)+(책 꾸러미의 무게)
$=2\frac{4}{5}+3\frac{3}{5}=5\frac{7}{5}=6\frac{2}{5}$ (kg)

18단계 ▸▸ 85쪽

① 6 / 1, 1, 1 / 2, 1 ② $3\frac{1}{6}$ ③ $2\frac{2}{7}$ ④ $4\frac{1}{4}$ ⑤ $5\frac{4}{7}$ ⑥ $6\frac{3}{8}$ ⑦ $2\frac{4}{9}$ ⑧ $7\frac{7}{10}$ ⑨ $6\frac{2}{11}$ ⑩ $3\frac{1}{12}$ ⑪ $5\frac{3}{13}$ ⑫ $8\frac{2}{15}$

18단계 ▸▸ 86쪽

① 9, 3, 2 ② $4\frac{1}{6}$ ③ $6\frac{2}{9}$ ④ $3\frac{2}{7}$ ⑤ $5\frac{1}{10}$ ⑥ $2\frac{3}{10}$ ⑦ $4\frac{5}{11}$ ⑧ $9\frac{3}{11}$ ⑨ $8\frac{2}{13}$ ⑩ $5\frac{2}{13}$ ⑪ $7\frac{2}{15}$ ⑫ $6\frac{4}{15}$

18단계 ▸▸ 87쪽

① $4\frac{1}{5}$ ② $3\frac{1}{10}$

③ $5\frac{3}{11}$ ④ $7\frac{2}{13}$

⑤ $2\frac{1}{7}$ L ⑥ $3\frac{1}{9}$시간

풀이 ① $\square=3\frac{2}{5}+\frac{4}{5}=3\frac{6}{5}=4\frac{1}{5}$

② $\square=2\frac{4}{10}+\frac{7}{10}=2\frac{11}{10}=3\frac{1}{10}$

③ $\square=\frac{5}{11}+4\frac{9}{11}=4\frac{14}{11}=5\frac{3}{11}$

④ $\square=\frac{10}{13}+6\frac{5}{13}=6\frac{15}{13}=7\frac{2}{13}$

⑤ (어제와 오늘 마신 물의 양)
=(어제 마신 물의 양)+(오늘 마신 물의 양)
$=1\frac{2}{7}+\frac{6}{7}=1\frac{8}{7}=2\frac{1}{7}$ (L)

⑥ (쁘냥이가 할머니 댁까지 가는 데 걸린 시간)
=(기차를 탄 시간)+(버스를 탄 시간)
$=2\frac{6}{9}+\frac{4}{9}=2\frac{10}{9}=3\frac{1}{9}$(시간)

19단계 ▸▸ 89쪽

① 9, 1, 4 / 2, 4 ② $3\frac{3}{4}$

③ $3\frac{2}{3}$ ④ $2\frac{5}{6}$

⑤ $6\frac{6}{7}$ ⑥ $7\frac{7}{8}$

⑦ $4\frac{5}{9}$ ⑧ $5\frac{7}{10}$

⑨ $4\frac{4}{11}$ ⑩ $2\frac{7}{12}$

⑪ $6\frac{14}{15}$ ⑫ $8\frac{11}{18}$

19단계 ▸▸ 90쪽

① 1, 1 / 2, 4 ② $5\frac{3}{5}$

③ $6\frac{7}{9}$ ④ $4\frac{5}{7}$

⑤ $7\frac{9}{10}$ ⑥ $3\frac{2}{3}$

⑦ $8\frac{11}{12}$ ⑧ $9\frac{9}{11}$

⑨ $5\frac{5}{8}$ ⑩ $6\frac{11}{14}$

⑪ $2\frac{17}{20}$ ⑫ $3\frac{19}{50}$

19단계 ▸▸ 91쪽

① $4\frac{6}{7}$ ② $6\frac{7}{8}$

③ $8\frac{5}{11}$ ④ $4\frac{9}{10}$ kg

⑤ $3\frac{5}{8}$ km

풀이 ① $3\frac{5}{7}+\frac{8}{7}=3\frac{13}{7}=4\frac{6}{7}$

② $5\frac{3}{8}+\frac{12}{8}=5\frac{15}{8}=6\frac{7}{8}$

③ $7\frac{3}{11}+\frac{13}{11}=7\frac{16}{11}=8\frac{5}{11}$

④ (창고에 있는 감자와 고구마 무게의 합)
=(감자의 무게)+(고구마의 무게)
$=\frac{12}{10}+3\frac{7}{10}=3\frac{19}{10}=4\frac{9}{10}$ (kg)

⑤ (빠독이와 쁘냥이가 달린 거리)
=(빠독이가 달린 거리)+(쁘냥이가 달린 거리)
$=2\frac{3}{8}+\frac{10}{8}=2\frac{13}{8}=3\frac{5}{8}$ (km)

넷째 마당 · 분모가 같은 분수의 뺄셈

20단계 ▶▶ 95쪽

① $\frac{1}{4}$ ② $\frac{1}{6}$

③ $\frac{7}{9}$ ④ $\frac{7}{12}$

⑤ $\frac{4}{7}$, $\frac{3}{7}$, $\frac{1}{7}$ ⑥ $\frac{7}{8}$, $\frac{4}{8}$, $\frac{3}{8}$

20단계 ▶▶ 96쪽

① 4, 1, 3 ② $\frac{1}{6}$

③ $\frac{3}{7}$ ④ $\frac{7}{10}$

⑤ $\frac{3}{11}$ ⑥ $\frac{7}{12}$

⑦ $\frac{2}{13}$ ⑧ $\frac{4}{15}$

⑨ $\frac{5}{14}$ ⑩ $\frac{11}{16}$

⑪ $\frac{4}{17}$ ⑫ $\frac{8}{19}$

20단계 ▶▶ 97쪽

① 8, $\frac{5}{10}$ / 8, $\frac{5}{10}$

② $\frac{7}{8}$, $\frac{5}{8}$ / $\frac{7}{8}$, $\frac{5}{8}$

③ $\frac{2}{7}$

④ $\frac{5}{9}$

풀이 ③ $\frac{6}{7}-\frac{4}{7}=\frac{2}{7}$

④ $\frac{8}{9}-\frac{3}{9}=\frac{5}{9}$

21단계 ▶▶ 99쪽

① 2, 1 / 2, 1 ② $2\frac{1}{6}$

③ $4\frac{3}{8}$ ④ $6\frac{7}{10}$

⑤ $2\frac{4}{7}$ ⑥ $6\frac{7}{9}$

⑦ $2\frac{1}{3}$ ⑧ $3\frac{5}{8}$

⑨ $3\frac{9}{11}$ ⑩ $6\frac{9}{14}$

⑪ $1\frac{4}{15}$ ⑫ $7\frac{3}{10}$

21단계 ▶▶ 100쪽

① $2\frac{1}{3}$ ② $3\frac{2}{5}$

③ $2\frac{1}{4}$ ④ $4\frac{1}{6}$

⑤ $4\frac{5}{7}$ ⑥ $1\frac{3}{8}$

⑦ $5\frac{1}{10}$ ⑧ $4\frac{2}{9}$

⑨ $2\frac{7}{11}$ ⑩ $5\frac{7}{12}$

⑪ $2\frac{4}{13}$ ⑫ $2\frac{9}{19}$

정답 ➡

21단계 ▸▸ 101쪽

① <　　② >

③ >　　④ <

⑤ $3\frac{4}{7}$　　⑥ $4\frac{3}{8}$ m

풀이 ① $5\frac{3}{5}-3\frac{1}{5}=2\frac{2}{5} < 7\frac{4}{5}-4\frac{3}{5}=3\frac{1}{5}$

② $2\frac{5}{7}-1\frac{1}{7}=1\frac{4}{7} > 3\frac{6}{7}-2\frac{3}{7}=1\frac{3}{7}$

③ $6\frac{7}{8}-2\frac{2}{8}=4\frac{5}{8} > 8\frac{6}{8}-5\frac{1}{8}=3\frac{5}{8}$

④ $4\frac{7}{10}-1\frac{4}{10}=3\frac{3}{10} < 8\frac{9}{10}-5\frac{2}{10}=3\frac{7}{10}$

⑥ (남은 끈의 길이)

$=6\frac{4}{8}-2\frac{1}{8}=4\frac{3}{8}$ (m)

22단계 ▸▸ 103쪽

① 10, 5 / 5, 1, 1　　② $1\frac{1}{5}$

③ $5\frac{1}{3}$　　④ $3\frac{2}{5}$

⑤ $2\frac{1}{6}$　　⑥ $1\frac{2}{7}$

⑦ $2\frac{5}{8}$　　⑧ $2\frac{1}{6}$

⑨ $1\frac{4}{9}$　　⑩ $4\frac{3}{10}$

⑪ $2\frac{2}{13}$　　⑫ $3\frac{8}{11}$

22단계 ▸▸ 104쪽

① $4\frac{1}{4}$　　② $2\frac{3}{5}$

③ $1\frac{1}{6}$　　④ $3\frac{4}{7}$

⑤ $2\frac{3}{8}$　　⑥ $4\frac{5}{9}$

⑦ $3\frac{3}{10}$　　⑧ $2\frac{6}{11}$

⑨ $1\frac{7}{12}$　　⑩ $5\frac{4}{13}$

⑪ $2\frac{3}{14}$　　⑫ $6\frac{3}{16}$

22단계 ▸▸ 105쪽

① $2\frac{4}{9}$ m　　② $1\frac{3}{7}$ m

③ $3\frac{5}{9}$ L　　④ $2\frac{2}{7}$ L

풀이 ① (가로)−(세로)

$=4\frac{5}{9}-2\frac{1}{9}=2\frac{4}{9}$ (m)

② (가로)−(세로)

$=3\frac{6}{7}-2\frac{3}{7}=1\frac{3}{7}$ (m)

③ $4\frac{7}{9}-1\frac{2}{9}=3\frac{5}{9}$ (L)

④ $3\frac{4}{7}-1\frac{2}{7}=2\frac{2}{7}$ (L)

23단계 ▸▸ 107쪽

① 4, 1, 3　② $\frac{1}{3}$

③ $\frac{1}{5}$　④ $\frac{5}{6}$

⑤ $\frac{4}{7}$　⑥ $\frac{4}{9}$

⑦ $\frac{7}{10}$　⑧ $\frac{9}{11}$

⑨ $\frac{5}{12}$　⑩ $\frac{4}{13}$

⑪ $\frac{11}{14}$　⑫ $\frac{6}{17}$

23단계 ▸▸ 108쪽

① 1, 2　② 2, 1

③ $1\frac{3}{4}$　④ $2\frac{6}{7}$

⑤ $3\frac{7}{9}$　⑥ $4\frac{6}{13}$

⑦ $6\frac{9}{10}$　⑧ $8\frac{1}{5}$

⑨ $3\frac{8}{11}$　⑩ $7\frac{7}{8}$

⑪ $5\frac{13}{15}$　⑫ $9\frac{4}{13}$

23단계 ▸▸ 109쪽

① $2\frac{1}{3}$, 2 / 2, $2\frac{1}{3}$　② $1\frac{1}{4}$, 3 / 3, $1\frac{1}{4}$

③ $1\frac{1}{9}$ km　④ $1\frac{3}{5}$ L

풀이 ③ (문구점에서 학교까지의 거리)
=(쁘냥이네 집에서 학교까지의 거리)
−(쁘냥이네 집에서 문구점까지의 거리)
$=2-\frac{8}{9}=1\frac{9}{9}-\frac{8}{9}=1\frac{1}{9}$ (km)

④ (남은 주스의 양)
=(전체 주스의 양)−(마신 주스의 양)
$=2-\frac{2}{5}=1\frac{5}{5}-\frac{2}{5}=1\frac{3}{5}$ (L)

24단계 ▸▸ 111쪽

① 3, 2, 1　② $\frac{1}{5}$

③ $\frac{7}{7}$, $1\frac{4}{7}$　④ $1\frac{1}{6}$

⑤ $\frac{8}{9}$　⑥ $2\frac{3}{11}$

⑦ $1\frac{4}{5}$　⑧ $\frac{3}{7}$

⑨ $1\frac{9}{10}$　⑩ $3\frac{1}{2}$

⑪ $2\frac{7}{13}$　⑫ $2\frac{4}{15}$

정답

24단계 ▶▶ 112쪽

① $1\frac{3}{4}$
② $1\frac{3}{5}$
③ $1\frac{4}{9}$
④ $2\frac{3}{10}$
⑤ $\frac{2}{3}$
⑥ $1\frac{1}{7}$
⑦ $2\frac{3}{4}$
⑧ $3\frac{3}{8}$
⑨ $2\frac{9}{11}$
⑩ $\frac{5}{6}$
⑪ $2\frac{5}{12}$
⑫ $1\frac{8}{9}$

24단계 ▶▶ 113쪽

① 2, 3 / $1\frac{2}{5}$
② 2, 4 / $2\frac{3}{7}$
③ 6, 8 / $2\frac{3}{11}$
④ $3\frac{1}{3}$
⑤ $1\frac{1}{5}$ L

풀이 ④ $5-1\frac{2}{3}=4\frac{3}{3}-1\frac{2}{3}=3\frac{1}{3}$

⑤ (남은 매실 음료의 양)
=(처음에 있던 매실 음료의 양)
−(마신 매실 음료의 양)
$=3-1\frac{4}{5}=2\frac{5}{5}-1\frac{4}{5}=1\frac{1}{5}$ (L)

25단계 ▶▶ 115쪽

① 6, 1, 3
② $1\frac{6}{7}$
③ $2\frac{3}{4}$
④ $1\frac{5}{6}$
⑤ $5\frac{3}{5}$
⑥ $1\frac{8}{9}$
⑦ $1\frac{3}{8}$
⑧ $4\frac{7}{10}$
⑨ $2\frac{8}{11}$
⑩ $2\frac{11}{13}$
⑪ $3\frac{7}{15}$
⑫ $3\frac{5}{12}$

25단계 ▶▶ 116쪽

① $3\frac{2}{3}$
② $3\frac{2}{5}$
③ $4\frac{3}{4}$
④ $3\frac{5}{7}$
⑤ $2\frac{8}{9}$
⑥ $1\frac{7}{9}$
⑦ $2\frac{7}{11}$
⑧ $1\frac{9}{10}$
⑨ $3\frac{7}{12}$
⑩ $2\frac{9}{14}$
⑪ $1\frac{11}{13}$
⑫ $3\frac{7}{15}$

25단계 ▸▸ 117쪽

① $7\frac{1}{5}-3\frac{4}{5}=3\frac{2}{5}$

② $6\frac{1}{7}-2\frac{5}{7}=3\frac{3}{7}$

③ $8\frac{2}{10}-4\frac{9}{10}=3\frac{3}{10}$

④ $1\frac{2}{3}$컵

⑤ $1\frac{5}{8}$ kg

풀이 ④ (빵을 만드는 데 사용한 밀가루의 양)
−(쿠키를 만드는 데 사용한 밀가루의 양)
$=5\frac{1}{3}-3\frac{2}{3}=4\frac{4}{3}-3\frac{2}{3}=1\frac{2}{3}$(컵)

⑤ (빠독이의 무게)−(쁘냥이의 무게)
$=7\frac{3}{8}-5\frac{6}{8}=6\frac{11}{8}-5\frac{6}{8}=1\frac{5}{8}$ (kg)

26단계 ▸▸ 119쪽

① 4, 1, 2 ② $4\frac{3}{4}$

③ $3\frac{3}{5}$ ④ $6\frac{3}{7}$

⑤ $2\frac{3}{8}$ ⑥ $5\frac{5}{9}$

⑦ $4\frac{9}{10}$ ⑧ $3\frac{8}{11}$

⑨ $2\frac{7}{12}$ ⑩ $4\frac{8}{13}$

⑪ $6\frac{9}{14}$ ⑫ $5\frac{15}{17}$

26단계 ▸▸ 120쪽

① 8, 7, 3, 1 ② $2\frac{4}{5}$

③ $2\frac{1}{6}$ ④ $2\frac{2}{7}$

⑤ $1\frac{7}{8}$ ⑥ $4\frac{2}{9}$

⑦ $3\frac{3}{10}$ ⑧ $6\frac{3}{11}$

⑨ $7\frac{5}{12}$ ⑩ $4\frac{5}{13}$

⑪ $5\frac{4}{17}$ ⑫ $2\frac{9}{20}$

26단계 ▸▸ 121쪽

① $2\frac{5}{7}$ m ② $2\frac{1}{7}$ m

③ 빠독 ④ $\frac{1}{5}$시간

풀이 ① $3\frac{4}{7}-\frac{6}{7}=2\frac{11}{7}-\frac{6}{7}=2\frac{5}{7}$ (m)

② $3\frac{4}{7}-\frac{10}{7}=2\frac{11}{7}-\frac{10}{7}=2\frac{1}{7}$ (m)

③ 쁘냥이: $3\frac{6}{9}+\frac{4}{9}=3\frac{10}{9}=4\frac{1}{9}$

빠독이: $5\frac{1}{9}-\frac{5}{9}=4\frac{10}{9}-\frac{5}{9}=4\frac{5}{9}$

따라서 $4\frac{1}{9}<4\frac{5}{9}$이므로 빠독이의 계산 결과가 더 큽니다.

④ $1\frac{2}{5}-\frac{6}{5}=\frac{7}{5}-\frac{6}{5}=\frac{1}{5}$(시간)

바빠 수학 로드맵

바빠 시리즈 초·중등 수학 교재 한눈에 보기

유아~취학 전	1학년	2학년	3학년

7살 첫 수학

초등 입학 준비 첫 수학

① 100까지의 수
② 20까지 수의 덧셈 뺄셈
③ 100까지 수의 덧셈 뺄셈
★ 시계와 달력
★ 동전과 지폐 세기

바빠 교과서 연산 | 학교 진도 맞춤 연산

▸ 가장 쉬운 교과 연계용 수학책
▸ 수학 학원 원장님들의 연산 꿀팁 수록!
▸ 이번 학기 필요한 연산만 모아 계산 속도가 빨라진다.

1~6학년 학기별 각 1권 | 전 12권

나 혼자 푼다! 수학 문장제 | 학교 시험 문장제, 서술형 완벽 대비

▸ 빈칸을 채우면 풀이와 답 완성!
▸ 교과서 대표 유형 집중 훈련
▸ 대화식 도움말이 담겨 있어, 혼자 공부하기 좋은 책

1~6학년 학기별 각 1권 | 전 12권

바빠 연산법 | 10일에 완성하는 영역별 연산 총정리

베스트셀러

구구단, 시계와 시간

길이와 시간 계산, 곱셈

▸결손 보강용 영역별 연산 책
▸취약한 연산만 집중 훈련
▸시간이 절약되는 똑똑한 훈련법!

예비초~6학년 영역별 | 전 26권

4학년	5학년	6학년	중학생

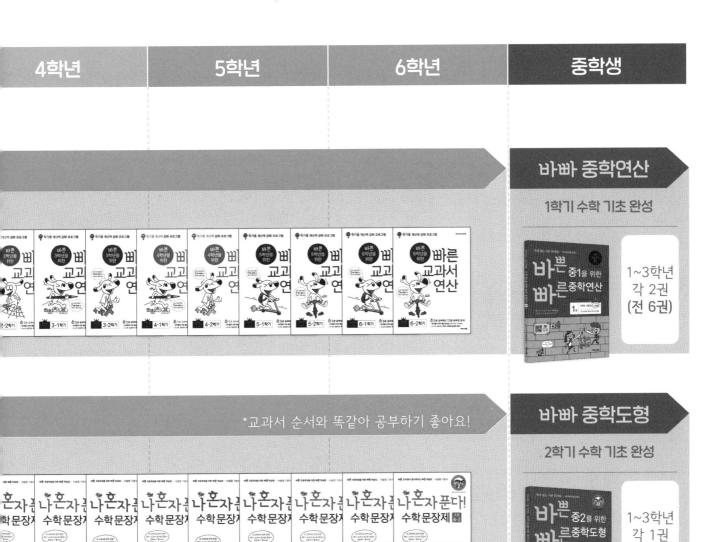

바빠 중학연산

1학기 수학 기초 완성

1~3학년
각 2권
(전 6권)

*교과서 순서와 똑같아 공부하기 좋아요!

바빠 중학도형

2학기 수학 기초 완성

1~3학년
각 1권
(전 3권)

학년별 인기 도서

늦셈, 분수, 소수, 방정식　약수와 배수, 분수, 소수　비와 비례, 방정식

바빠 중학수학 총정리

고등수학에서 필요한 것만 콕!

중학
3개년
총정리
(전 1권)

※'바빠 초등 수학 총정리'도 있어요!

바빠 시리즈 초등 영어 교재 한눈에 보기

	초등 1·2학년	초등
알파벳 · 파닉스	바쁜 초등학생을 위한 빠른 알파벳 쓰기 바쁜 초등학생을 위한 빠른 파닉스 1, 2	
단어	바쁜 초등학생을 위한 빠른 사이트 워드 1, 2 바쁜 초등학생을 위한 빠른 영단어 스타터 1, 2	짝단어로 끝내는 바빠 초등 영단어 3·4학년용
리딩	바빠 초등 파닉스 리딩 1, 2	
문법		
라이팅 · 스피킹		바빠 초등 영어 일기 쓰기

바쁜 친구들이 즐거워지는
빠른 영어!

초등학교 입학 전후 친구들을 위한
'7살 첫 영어 시리즈'도 있어요!

4학년	초등 5·6학년

짝단어로 끝내는
바빠 초등 영단어
5·6학년용

바빠 초등 필수
영단어

바빠 초등 필수 영단어 트레이닝
쓰면서 끝내기

영어동화 100편:
명작동화
과학동화
위인동화

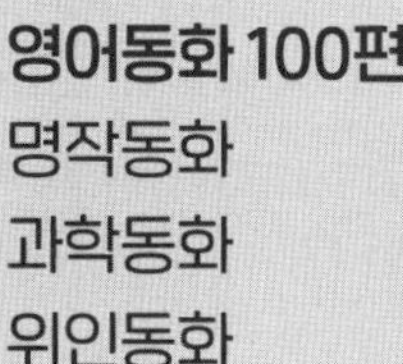

바쁜
3·4학년을 위한
빠른 영문법
1, 2

바빠 초등 영문법
1, 2, 3 5·6학년용

바빠 영어 시제
특강 5·6학년용

바빠 초등
영어 교과서
필수 표현

바빠 초등 하루 5문장
영어 글쓰기 1, 2

바쁜 5·6학년을 위한
빠른 영작문

MEMO

취약한 영역을 보강하는 바빠 연산법

바쁜 3·4학년을 위한 빠른 소수

하~ 자꾸
소수만 틀리네?
소수만 모아 놓은
문제집 어디 없나?

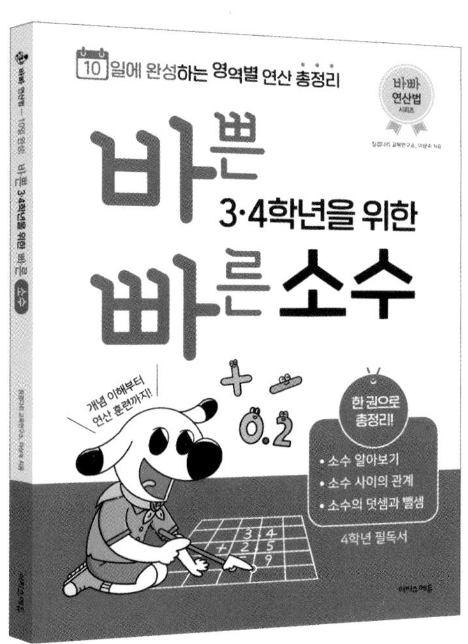

흩어져 배우는 초등 3·4학년 소수 총정리!

계산이 빨라지는 명강사들의 꿀팁이 가득!
연산 꿀팁으로 계산은 빨라지고, 정확도는 높아진다!

개념 확인 문제로 훈련하고 문장제로 마무리!
소수 개념 훈련부터 소수 연산까지 한 번에 해결!

3·4학년에 흩어져 배우는 소수를 한 권으로 총정리!
모아서 정리하니 초등 소수의 기초가 잡힌다!

결손 보강용 3·4학년용 '바빠 연산법'

덧셈 → 뺄셈 → 곱셈 → 나눗셈

- 3, 4학년 연산을 총정리하고 싶다면 덧셈 → 뺄셈 → 곱셈 → 나눗셈 순서로 풀어 보세요.
- 특정 연산만 어렵다면, 4권 중 내가 어려운 영역만 골라 빠르게 보충하세요.

3·4학년 분수를 한 권으로 끝낸다!
10일 완성! 연산력 강화 프로그램

바쁜 3·4학년을 위한 빠른 분수

바쁜 친구들이 즐거워지는 **빠른** 학습서

영역별 연산책 바빠 연산법
방학 때나 학습 결손이 생겼을 때~

- 바쁜 1·2학년을 위한 빠른 **덧셈**
- 바쁜 1·2학년을 위한 빠른 **뺄셈**
- 바쁜 초등학생을 위한 빠른 **구구단**
- 바쁜 초등학생을 위한 빠른 **시계와 시간**

- 바쁜 초등학생을 위한 빠른 **길이와 시간 계산**
- 바쁜 3·4학년을 위한 빠른 **덧셈/뺄셈**
- 바쁜 3·4학년을 위한 빠른 **곱셈**
- 바쁜 3·4학년을 위한 빠른 **나눗셈**
- 바쁜 3·4학년을 위한 빠른 **분수**
- 바쁜 3·4학년을 위한 빠른 **소수**
- 바쁜 3·4학년을 위한 빠른 **방정식**

- 바쁜 5·6학년을 위한 빠른 **곱셈**
- 바쁜 5·6학년을 위한 빠른 **나눗셈**
- 바쁜 5·6학년을 위한 빠른 **분수**
- 바쁜 5·6학년을 위한 빠른 **소수**
- 바쁜 5·6학년을 위한 빠른 **방정식**
- 바쁜 초등학생을 위한 빠른 **약수와 배수, 평면도형 계산, 입체도형 계산, 자연수의 혼합 계산, 분수와 소수의 혼합 계산, 비와 비례, 확률과 통계**

바빠 국어/ 급수한자
초등 교과서 필수 어휘와 문해력 완성!

- 바쁜 초등학생을 위한 빠른 **맞춤법 1**
- 바쁜 초등학생을 위한 빠른 **급수한자 8급**
- 바쁜 초등학생을 위한 빠른 **독해 1, 2**

- 바쁜 초등학생을 위한 빠른 **독해 3, 4**
- 바쁜 초등학생을 위한 빠른 **맞춤법 2**
- 바쁜 초등학생을 위한 빠른 **급수한자 7급 1, 2**

- 바쁜 초등학생을 위한 빠른 **급수한자 6급 1, 2, 3**
- 보일락 말락~ 바빠 **급수한자판 + 6·7·8급 모의시험**

- 바빠 급수 시험과 어휘력 잡는 초등 **한자 총정리**
- 바쁜 초등학생을 위한 빠른 **독해 5, 6**

바빠 영어
우리 집, 방학 특강 교재로 인기 최고!

- 바쁜 초등학생을 위한 빠른 **알파벳 쓰기**
- 바쁜 초등학생을 위한 빠른 **영단어 스타터 1, 2**
- 바쁜 초등학생을 위한 빠른 **사이트 워드 1, 2**

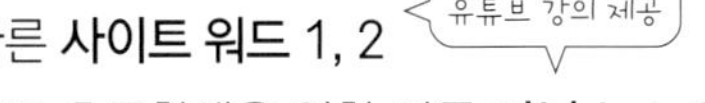

- 바쁜 초등학생을 위한 빠른 **파닉스 1, 2**

- 전 세계 어린이들이 가장 많이 읽는 **영어동화 100편 : 명작/과학/위인동화**
- 짝 단어로 끝내는 바빠 **초등 영단어** — 3·4학년용
- 바쁜 3·4학년을 위한 빠른 **영문법 1, 2**
- 바빠 초등 **필수 영단어**
- 바빠 초등 **필수 영단어 트레이닝**
- 바빠 초등 **영어 교과서 필수 표현**
- 바빠 초등 **영어 일기 쓰기**

- 짝 단어로 끝내는 바빠 **초등 영단어** — 5·6학년용
- 바빠 초등 **영문법** — 5·6학년용 1, 2, 3
- 바빠 초등 **영어시제 특강** — 5·6학년용
- 바쁜 5·6학년을 위한 빠른 **영작문**
- 바빠 초등 하루 5문장 **영어 글쓰기 1, 2**